아시아 지중해의 진주, 필리핀

성 진 근

저자 성 진 근(成潽根)

서울대 농대 및 서울대 대학원 농경제학과 졸업
연세대 대학원 경제학과 졸업(경제학 박사)
미국 IOWA주립대 농업농촌개발연구소(CARD) 초청연구원

- (사)한국농업경영포럼 이사장 (현)
- 충북대 농대 농업경제학과 명예교수 (현)
- 농협대 석좌교수 (현)
- 대통령자문 농어업·농어촌 특별위원회 위원
- 농림부 양곡유통 위원장
- 농림부 RPC경영개선위원회 위원장
- 서울특별시 농수산물공사, 시장관리운영위원회 위원장 (현)
- 농림부 해외농업개발포럼 회장 (현)
- 농협중앙회 농협개혁위원회 위원장

- 농민신문사 농업계인물 100인 선정(2004)
- 대산농촌문화상(2003)
- 홍조근정훈장(2001)
- 충북대 우수학술상(1994, 1997)
- 농협중앙회 농촌문화상(1995)
- 전경련 자유경제출판문화상(1993)

- 연구업적 : 논문 130편, 연구보고서 53편, 저서 35편 총 218편

E-mail: kamf@kamf.net

| 차례 |

표 차례

그림 차례

| 머리말 |

　금년(2009)은 대한민국 농정사(農政史)상 새로운 획을 그은 해이다. 역사상 처음으로 농림수산식품부가 재정지원계획을 세우고 민간 부문의 해외농업개발을 정부차원에서 본격적으로 지원하기 시작한 해이기 때문이다.

　해외농업개발에 관심을 가져왔던 많은 기업과 농업인들이 해외농업 진출을 모색하거나 투자 진출을 계획하고 있다. 그러나 진출대상 농업종목은 밀과 옥수수로 집중되는 듯하다.

　정부의 재정 지원이 곡물위기에 대한 대처능력 강화 차원에서 사료곡물 해외농장개발에 한정되어 있기 때문이다. 물론 해외식량기지 확보는 좁은 국토에서 많은 인구를 부양해야 하는 우리나라 입장에서는 서둘러 해결해야 할 전략과제임은 분명하다. 그러나 글로벌 경쟁시대를 열어가는 세계 10위권의 교역국가로서 해외농업개발을 해외식량기지 확보 목적으로 국한시킨다는 것은 적절치 않은 일이다. 해외의 미개발지에 대한 개발투자를 통하여 생산된 농산물을 국내로 반입하기 위한 목적의 소위 「개발수입」적인 사고에 우리 사회가 여전히 얽매이고 있는 한 해외농업진출의 기대효과는 반감될 수밖에 없다.

　해외농업개발은 농업경영환경의 급변에 효과적으로 대처하기 위한 정책수단으로 적극 활용될 필요가 있다. 시장개방으로 국내에서 과잉상태에 처한 농업기술인력의 새로운 고용기회와 소득기회를 해외농업개발을 통하여 창출할 수 있어야 한다. 또한 그동안 눈부시게 발전한 농업장치산업과 농기계산업 및 농자재산업, 그리고 가공·유통을 포함한 농업시스템의 새로운 시장을 해외농업개발을 통하여 열어가야 한다.

국내의 농업기술인력과 자본재산업의 해외 진출은 농업분야 구조조정을 위한 퇴로(退路)확보 차원의 소극적인 뜻에서부터 국제분업체계 구축을 통한 국내농업의 새로운 성장동력을 창출한다는 적극적인 글로벌 경영정책으로 자리매김되는 것이 합당하다. 또한 개도국들이 간절하게 요청하고 있는 우리 농업분야의 확실한 비교우위부문을 활용하는 길이기도 하다.

필리핀은 밀과 옥수수의 국제 경쟁력을 보유한 생산 적지는 아니다. 그러나 지속적으로 소득이 증가하고 있는 인구 9,200만명의 거대한 내수시장은 우리 농업의 진출 대상지역으로 충분한 매력이 있다. 또한 우리나라와 가까운 교역중심지로서의 지정학적인 위치, 그리고 열대성 기후와 온대성 기후의 특성에 적응하여 생산된 두 나라 농산물의 조화로운 교역을 통하여 추구할 수 있는 국가간 분업체계 구축 등 여러 가지 측면에서 전략적인 중요성이 큰 지역이다.

2007년 말 발족한 해외농업개발포럼의 목표사업으로 추진하였던 「해외농업자료시리즈」 제2권의 대상국가를 필리핀으로 정했다. 그동안 사회주의 체제전환국의 농업개발문제에 매달려왔던 저자에게 필리핀의 가능성과 잠재력을 발견하도록 길을 열어주고 도와주었던 신명R&D의 이철방 회장님에게 감사드린다. 또한 귀중한 자료를 보내주신 주 필리핀대사관의 최중경 대사님과 고재명 서기관님에게도 감사드린다.

집필비를 지원해주신 대산농촌문화재단과 특히 농산물 출하주들에게 해외농업진출의 꿈을 나누어주기 위하여 해외농업개발시리즈를 구입하여 보급하기로 결정해주신 한국농수산물도매시장법인협회 관계자 여러분에게도 깊이 감사드린다.

처음부터 끝까지 자료를 챙겨주고 원고 정리와 편집을 도맡아해준 김수혜 연구원의 공이 제일 컸다. 어려운 도서출판 사정에도 불구하고 예쁜 책을 만들어주신 농민신문사 임직원 여러분께도 감사드린다.

모쪼록 이 조그만 책자가 해외농업진출을 꿈꾸는 농기업가들에게 유용하게 쓰임받기를 기원하면서….

2009. 10. 25

수서 연구실에서 **성 진 근**

01

아시아 지중해의 진주, 필리핀

제1장
아시아 지중해의 진주, 필리핀

1. 왜 필리핀 농업 진출을 검토해야 하는가

필리핀이라는 명칭은 "동해의 진주(Pearl of the Orient Seas)"라는 언어에서 유래되었다고 한다. 인류 최초의 지구일주항해를 지휘한 마젤란(Ferdinando Magellan, 1480~1521)이 1521년 3월 16일 현재의 필리핀 군도 레이테만의 조르안섬에 도착함으로써 현재의 필리핀이라는 지명을 얻었다.

필리핀이 한국 농업의 해외진출 대상지역으로 손꼽히는 이유는 다음의 다섯가지로 압축할 수 있다.

첫째, 지정학적으로 아시아대륙과 태평양 남부 호주 사이의 해역을 지칭하는 아시아 지중해의 중심에 위치한 무역의 요충지이기 때문이다. 필리핀은 세계에서 가장 큰 도서군(島嶼群)의 하나로 남북으로 1,840㎞에 분포하는 7,107개의 섬으로 구성되어 있다. 필리핀의 해안선 길이는 총 34,600㎞로 미국 해안선 길이의 2배가 넘는다. 지형적 영향으로 조건이 좋은 자연항구가 61개이고, 42개의 항구가 사용 중이며 주요 섬에는 10만톤급의 거대한 선박이 정박할 수 있는 항구들이 있다.

이런 천혜의 조건 때문에 식량 위기를 대비하기 위한 곡물저장
시설의 후보지(Buffer stock of Grains)로 종종 거론된다. 주변에
있는 거대 곡물 소비국인 중국, 인도, 인도네시아, 일본, 한국 등
나라의 곡물 위기에 대비하기 위한 곡물저장유통의 중심지로 필리
핀만한 지역을 찾기가 어려운 것이 사실이다. 이 때문에 마닐라포
럼(2009.2)에서 아시아 식량기지 건설이 제안되기도 했던 것이다.

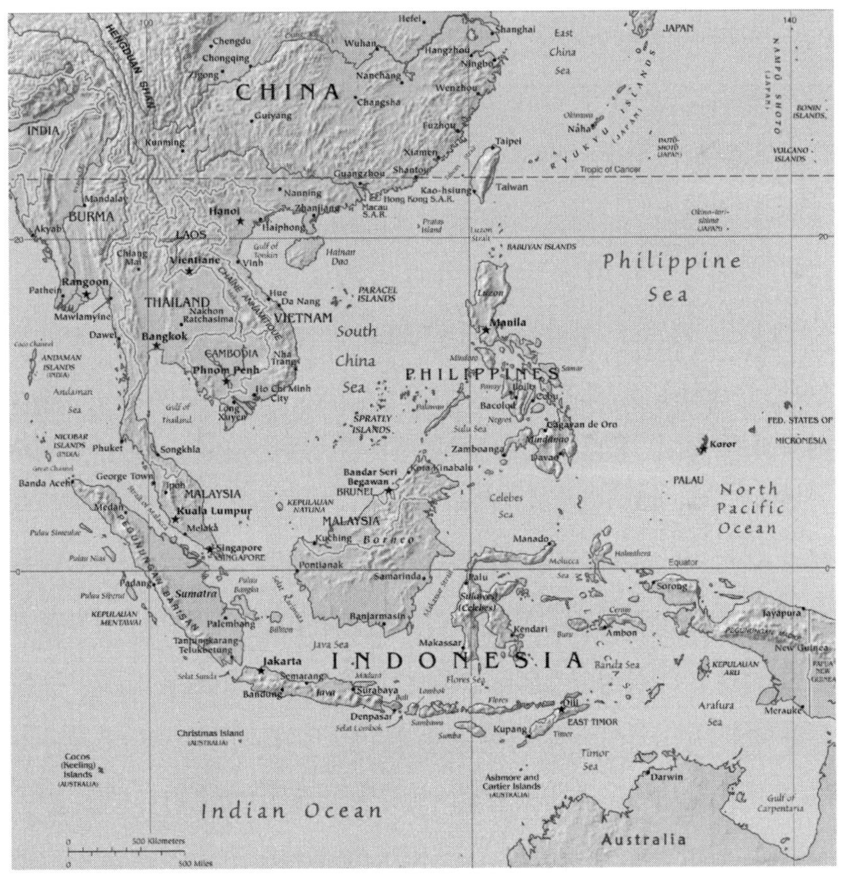

　둘째, 2009년 현재 인구 9,200만명에 달하는 거대 인구국이고 인구증가율이 높은(1995~2007년간 연평균 2.16%) 개도국으로 내수시장(內需市場) 규모가 크고 발전전망이 높은 나라이기 때문이다.

　특히, 필리핀은 농업국가(2008년 현재 농림수산업의 GDP 비중은 14.7%)임에도 불구하고 농축산물의 순수입국으로 농산물무역 적자는 2007년 현재 17억5,000만달러를 상회하고 있다.

　내수시장의 규모가 크고 현재 상태에서도 농산물의 순수입국이라는 점은 해외농업진출기업의 입장에서는 생산된 농산물의 수요가 충분히 확보되어 있다는 점에서 유리한 조건이 된다.

　최근 6년간(2002~2008년) 필리핀 국내 총생산은 연평균 4~6% 수준의 견실한 성장률을 보여 왔다. 2000년 이후의 지속적인 필리핀 경제성장에 따른 국민소득의 증가로 농산물, 특히 고급농산물 소비도 빠르게 성장하고 있으므로 고품질, 고부가가치 농업생산과 유통산업에 대한 진출을 꿈꾸는 한국의 농업투자가에게는 매력적인 투자 대상국일 수밖에 없다.

　셋째, 필리핀은 열대기후대에 속한 나라로 바나나, 파인애플 등 열대과일의 수출국이지만 기후적인 특성 때문에 온대지방에서 주로 생산되는 과채류(배추, 양배추, 양파, 배, 사과 등)의 경우, 생산물의 품질이 낮고 생산성이 낮다. 그러므로 구상무역(Barter trade) 등을 통한 한국 농업과의 보완성이 높을 뿐만 아니라 한국 농민이 보유하고 있는 고급원예농업기술이 현지에서 위력을 발휘할 가능성도 높다.

　넷째, 필리핀의 저활용 또는 휴경상태에 처한 농경지를 농지기반

조성 투자를 통해 생산농지화하는 조건부로 농지이용권을 확보할 수 있는 가능성이 높기 때문이다. 필리핀의 농지는 전체 국토면적의 1/3 정도인 1천만ha정도이며 5ha 이상의 대농이 전체농가의 90%이고, 이들 대농이 전체면적의 44%를 경작하고 있다. 그러나 열악한 배수시설로 인하여 매년 침수피해를 입거나 늪지대로 휴경지화되는 농경지가 많다. 필리핀 정부는 농지 확장을 위하여 농지개혁청(Department of Agrarian Reform)을 설치, 국유지의 약 60%에 해당하는 휴경지를 농지화하기 위한 노력을 기울이고 있다. 이러한 현재의 여건을 고려할 때 관개 또는 배수시설 등 농업기반 조성과 필리핀 농촌의 일자리 창출을 조건으로 하는 유휴농지의 획득과 이용 및 산야지의 개간을 통한 농지 확보의 여지가 크다고 할 수 있다.

다섯째, 필리핀은 해외투자를 유치하기 위해서 주요투자우대분야(Preferred Activities) 중 으뜸으로 농림사업을 꼽고 있기 때문이다. 농림사업에는 농수산제품의 상업적 생산과 농수산제품 및 부산물과 폐기물의 상업적 가공 등의 분야가 포함되어 있다.

투자우대조치를 위한 투자 인센티브에는 소득세(Income Tax)와 영업세(Business Tax) 면세조치와 함께 수입관세면세 등의 조치를 활용할 수 있다. 특히 필리핀은 스페인과 미국 통치 하에서 400여년 간을 지내왔으므로 모든 제도가 서구화되어 있어서 다른 동남아시아 국가들과는 달리 국제표준화(Global standardization)된 기준들이 대부분 적용되고 있기 때문에 해외투자자들이 흔히 겪게 되는 컨트리 리스크(Country Risk)를 극복하기가 비교적 쉽다는 것이 눈에 보이지 않는 장점이다.

2. 필리핀의 일반현황

　필리핀의 경제사회에 대한 일반적 정보는 다음 표(1-1)과 같이 요약할 수 있다.

표(1-1) 필리핀의 일반현황

국명	통칭 Philippines, 공식국명 The Republic of the Philippines (타갈로그어 국명: Republika ng pilipinas)
위치	동남아시아, 북위 4도 23분-21도 25분, 동경 116-127도
면적	300,800㎢(한반도 1.3배, 7,100여 개의 섬으로 구성)
기후	고온다습 아열대성 기후, 건기(11-5월)와 우기(6-10월)로 대별
수도	메트로 마닐라(Metro Minila)(서울시와 면적, 인구 비슷)
인구	91,077,287(2007년 2/4분기 추정)(National Capital Region: 1,000만 명 이상)
주요도시	Manila City(160만 명)(종로구보다 약간 넓음), Quezon City(220만 명)
민족(인종)	말레이계가 주종 네그리토/인도네시안/중국/메스티조/모로 등 여러 종족 간 혼혈
언어	타갈로그어(공용어), 영어(상용어)
종교	로만 카톨릭 80.9%, 기독교 4.5%, 이슬람 5%, 기타 등
건국(독립)	1898.6.12
정부형태	대통령중심제
국가원수	Ms.Gloria M. Arroyo(14대, 재임) - 취임일: 2000.1.20 - 초임: 2000.1.20~2004.5.29(전임 에스트라다 대통령의 잔여 임기 승계) - 재임: 2004.6.30~2010.6.29(정식 임기 6년)
입법부	양원제(현재 상원 24명, 하원 209명)
정당	Lakes CMD, NP, PDP, KAMPI, LP, PMP, NPC, GO

자료: 대한무역투자진흥공사(KOTRA) 홈페이지, http://www.globalwindow.org, 2008.10.

1) 위치와 행정구역

필리핀(Republic of the Philippines)은 동남아시아의 고온다습한 열대 및 아열대성기후대에 속한 나라로 대만 및 보루네오와 함께 동인도의 일부이다. 국토 면적은 30만㎢로서 한반도의 1.3배 크기이다.

전체 7,107개의 섬 중에서 3,144개의 섬만이 이름을 가지고 있는데 필리핀 군도를 크게 세 그룹으로 구분하여 북부의 루손(Luzon)지방, 중부의 비사야(Visayas)지방1), 남부의 민다나오 지방으로 나누고 있다.

주요 섬에는 10만톤급 이상의 거대한 선박이 정박할 수 있는 천혜의 항구를 보유하고 있으며, 국제무역의 전면에 위치한 지정학적 위치로 인하여 서구열강의 끊임없는 침탈 대상이 되어 왔다. 이러한 지리적 여건과 기후적 특성 때문에 델몬트(Delmonte)와 돌(Dole) 등 대규모 농장(Plantation)들이 입지하고 있는 것이다.

필리핀의 행정구역은 17개 지역(Region), 79개의 도(Province), 115개의 시(City), 1,499개의 군급시(Municipality), 4만1,972개의 마을(Barangay)로 구분한다.

도는 가장 큰 지방정치단위로, 군급시로 구성되어 있고, 시는 ①고도로 도시화된 시 ②도의 영향을 받지 않는 독립시 ③도의 일부로서 도의 행정감독을 받는 군급시 등 3개 등급으로 구분된다.

---

1) Leyte, Cebu, Bohol, Masloate, Semar, Negros, Panay 등을 통틀어서 Visayas 섬이라 통칭함

표(1-2) 필리핀 지역별 행정구역

지 역	도청	시	군급시	마을
합 계	81	136	1,494	41,995
NCR (National Capital Region)	−	16	1	1,695
CAR (Cordillera Adm. Region)	6	2	75	1,176
I　　　− Ilocos	4	9	116	3,265
II　　− Cagayan Valley	5	3	90	2,311
III　　− Central Luzon	7	13	117	3,102
IVA　− Calabarzon	5	12	130	4,011
IVB　− Mimaropa	5	2	71	1,458
V　　− Bicol	6	7	107	3,471
VI　　− Western Visayas	6	16	117	4,051
VII　− Central Visayas	4	16	116	3,003
VIII　− Eastern Visayas	6	7	136	4,390
IX　　− Zamboanga Peninsula	3	5	67	1,904
X　　− Northern Mindanao	5	9	84	2,022
XI　　− Davao Region	4	6	43	1,162
XII　− Soccsksargen	4	5	45	1,194
XIII　− Caraga	5	6	67	1,310
ARMM(Aut. Reg. in Muslim Mindanao)	6	2	112	2,470

자료: NSO, 2007 Census of Population, NSCB, and DILG, National Barangay Operations
　　 Office

　군급시(郡級市)는 시청에 의해 시행되는 도시시설의 혜택을 받는 지방자치조직이다.

　마을은 시와 군급시가 분할되는 가장 작은 정치 단위로 마을당 평균인구는 1,000명 이하이다.

2) 인구

 필리핀의 2009년도 추정인구는 9,230만명이고 이 중에서 49.4%에 해당하는 4,590만명이 여자이고 50.6%에 해당하는 4,640만명이 남자이다.

표(1-3) 필리핀의 인구와 특성

구 분	합계 (평균)	여자	남자	자료출처
추정인구(백만명)	92.3	45.9	46.4	2009.3 NSCB fact sheet, national statistical information center
평균수명(세)	68.9	71.6	66.1	〃
문자해독률(%)	84.1	86.3	81.9	2003년 조사결과
초등학교 이상 졸업자 비율(%)	41.9	40.7	43.1	〃
대졸 이상 고학력자 비율(%)	4.7	5.5	3.9	〃
경제활동참가율(%)	63.7	48.6	78.9	2008년 노동력조사결과
실업률(%)	6.7	6.5	7.0	〃
해외취업노동자 수(천명)	1,747	857	890	2007년 조사결과
해외취업주력연령층(세)		28	40	〃
가구원당평균연간수입(PHP)	182,321	197,629	167,013	2006년 소득·소비조사 결과
가구원당평균연간지출(PHP)	153,751	164,240	143,262	
가구원당평균연간저축(PHP)	28,570	23,750	33,390	

자료: NSCB(National Statistical Coordination Board)Fact Sheet, Mar.19.2009에서 정리

여자의 평균수명은 71.6세인 반면에 남자의 평균수명은 66.1세이다. 문자해독률은 여자 86.3%, 남자 81.9%이고, 초등학교 이상의 졸업자 비율은 남자 41.9%, 여자 40.7%이며, 대졸 이상 학력 소유자 비율은 여자 5.5%이고 남자 4.7%이다.

필리핀 노동력의 경제활동참가율은 여자 48.6%이고 남자 78.9%이며 실업률은 여자 6.5%, 남자 7.0%이다.

필리핀의 해외취업노동자 수는 여자 85만7,000명, 남자 89만 명 등 174만7,000명이며 해외 취업 노동자의 주 연령층은 여자 28세, 남자 40세이다.

필리핀은 영어가 상용어로 채택되어 있으므로 대부분의 교육받은 사람들은 영어에 능통하다. 또한 서구(스페인과 미국)세력에 의해 오랜 식민지배를 받아 왔기 때문에 행동양식도 많이 서구화되어 있다. 이 때문에 필리핀 근로자에 대한 서구인의 선호도가 높다[2].

필리핀의 가구원당 평균 연간 수입액은 18만2,321(PHP)이고 이 중에서 가구원당 평균지출액은 15만3,751(PHP)이다.

3) 기후와 강우량

필리핀의 기후는 지역에 따라 다양하지만, 전반적으로는 열대 및 해양성 기후대에 속하며, 비교적 높은 온도와 습도, 그리고 풍부한 강수량 등이 기후상의 특징이다.

---

2) 유럽의 자동차운전사와 가정부 노동시장에서 필리핀인들의 점유비율이 높다.

필리핀에는 단지 연중 두 개의 계절, 즉 우기(6~11월)와 건기
(12~5월)가 있을 뿐이며, 강수량의 분포에 따라 4가지 기후 유형
으로 분류된다.

제Ⅰ유형은 우기와 건기가 뚜렷하고, 제Ⅱ유형은 건기가 없이
12월, 1월 및 2월에 집중적으로 비가 내리며, 제Ⅲ유형은 뚜렷한
우기가 없고 건기도 1개월 내지 3개월로 짧은 중간 유형이며, 제
Ⅳ유형은 연중 고르게 비가 내리는 유형이다.

4) 토지자원과 지형

필리핀의 지역별 토지이용 형태를 살펴면 전체 국토의 65%를
산림지역이 차지하고 그 다음으로 농경지가 33%를 차지한다.

루손지역의 면적이 전체 국토의 47.2%로 가장 크고 그 다음이
민다나오지역으로 33.7%이다. 농경지면적은 민다나오지역이 46.8%
로 가장 크고 비사야지역은 33.8%, 루손지역 19.4%의 순이다.

표(1-4) 지역별 토지이용 형태

지역별	합 계	농업용지	산림	정주지역	광산	내수면양어	개방지
전국(천ha)	29,538.2	9,728.8	19,062.6	131.4	8.7	595.7	11.0
Luzon	13,939.6	1,892.3	8,991.1	95.7	3.9	318.9	7.3
Visayas	5,647.2	3,283.8	3,665.0	11.5	2.1	72.6	3.7
Mindanao	9,921.4	9,728.8	6,406.5	24.2	2.7	204.2	0.0

자료: 한국농어촌공사 해외농업투자센터, http://oai.ekr.or.kr/ekr/oai.html

표(1-5) 농경지 이용 형태

구 분	1980	1991	2002	비율(%)
합 계(천ha)	9,725	9,975	9,671	100.0
− 1년생 작물 경작지(Lands planted to Temporary crops)	4,365	5,333	4,816	49.8
− 휴경지(Lands lying idle)	839	154	120	1.2
− 영년생 작물 경작지(Lands planted to permanent crops)	3,489	4,173	4,225	43.7
− 초지(Lands under permanent meadows/pastures)	530	131	129	1.3
− 산림지(Lands covered with forest growth)	337	70	74	0.8
− 기타 용지(All other lands)	166	114	269	2.8
− Not reported	−	−	38	0.4

자료: BAS, 2006, Selected Statistics on Agriculture 2006.

농경지의 이용형태를 구분하여 살펴보면 전체농경지 967만 1,000ha(2002)중에서 1년생 작물 경작지가 49.8%로 가장 많고 영년생작물 경작지가 43.7%, 초지가 1.3% 등의 순으로 이용된다. 필리핀의 지형은 크게 8개의 지형으로 구분할 수 있다.

① 해안지대

초본이나 목본의 식생을 지니고 있는 소금기 있고 담수의 영향을 받는 습지로서 조수에 의해 퇴적된 물질 및 상류로부터의 강과 샛강으로부터의 퇴적물로 형성되어 있으며 홍수림(紅樹林;mangrove)과 연못 등을 포함한다.

② 하성평탄지대

점토, 미사, 모래와 자갈이 섞여서 굳어지지 않은 상태로 형성되어 있는 저지대의 충적토이다. 주로 농경지로 이용되고 있으며 집약적인 작물생산지역이다.

③ 단구지대

주로 혈암과 석회암 사이에 놓여 있는 역암의 퇴적물로 구성되어 있으며 약한 경사 내지 구릉지의 밭 지역으로 되어 있고 구릉지와 산의 기반 주위에 흩어져 있다.

④ 산록경사지

이 지형은 화산 분출로 조성된 야산지대나 구릉지에서 나타나고 있으며 유효토심은 깊고 배수가 양호하고 점토 함량이 18% 이상이다. 또한 비교적 경사가 급하고 물길 옆에 놓여 있어 침식이 우려되는 지역으로 다양한 용도로 사용될 수 있으며 다양한 종류의 밭작물에 적합한 가치가 있는 지역이다.

⑤ 구릉지

이 지형은 융기 및 태풍과 호우에 의한 침식과정에 의해 형성된 지역으로 퇴적양식의 화산과 반화산의 구릉을 포함한다.

⑥ 산악지

석회암, 혼합된 퇴적암 및 화산성 물질들로 구성되어 있으며 주된 식생은 초본 및 관목삼림이다. 비교적 선선한 기후를 가지는 고도가 높은 지역(500m 이상)들이며 서로 다른 모재로부터 형성된 토양으로 되어 있다. 농업지역으로 개발하면 사료곡물 재배 및 다양한 과수, 채소, 절화 재배가 가능하다. 경사가 심한(30%이상) 지역은 용재수(用材樹)와 고무나무 재배 등 환경보전 차원에서 영구적인 삼림지역으로 보존하여야 할 필요가 있다.

⑦ 화구

다른 구릉지나 산악지형과는 구별되는 쭉 뻗은 산록을 가지는 원뿔모양의 구조를 가지며 산록의 범위는 40~60%이다. 이러한 매우 경사가 급한 지역에서는 심한 침식을 유발하기 때문에 농경지로의 개발은 제한적이다.

표(1-6) 특징적인 지형별 면적 분포

지 형	Luzon	Visayas	Mindanao	Philippines
● Warm Lowlands				
− 해안/습지	270,615	163,981	398,098	832,694
− 하성평탄지	2,612,120	787,546	1,130,053	4,529,719
− Residual/Solutional	588,243	300,883	273,411	1,162,537
● Warm−Cool Uplands				
− 밭-충적토	126,584	31,280	102,356	260,220
− 산록/단구지	959,279	617,413	765,967	2,342,659
− 대지	90,905	318,000	67,496	476,401
− 밭-침식지	1,889,570	852,629	1,017,233	3,759,432
● Warm−Cool Hillyland				
− 구릉지	3,024,369	1,879,429	2,939,752	7,843,550
● Cool Highland				
− 곡간 및 산록경사지	4,866	10,509	424,107	439,482
− 고원지	1,474	6,168	545	8,187
− 산악지	4,074,870	574,417	2,799,632	7,448,919
− 기타	498,797	123,160	205,947	827,904

⑧ 기타 지형

도시로 발달된 지역, 모래톱, 사빈, 암석지와 하천변 같은 불모지, 광산과 채석장, 협곡, 골짜기, 급사면과 하천 등이 여기에 포함된다.

3. 필리핀의 경제와 투자환경

1) 주요 경제지표와 무역동향

최근 5년간(2002~2007년) 필리핀 경제는 실질 GDP성장률이 4~7% 수준으로 견실한 성장세를 지속하고 있다.

산업구조는 농수산업의 비중이 14.7%에서 13%로 다소 감소한 대신에 서비스업의 비중은 52.8%에서 55%로 다소 증가했다.

외환보유고는 164억달러에서 309억달러로 증가하였고 대외채무의 GDP 비중은 69.8%에서 45.4%로 감소하였다.

수출은 350억달러에서 502억달러로 증가하였으며 수입은 335억달러에서 553억달러로 같은 속도로 증가하였다.

표(1-7) 필리핀의 주요 거시경제 지표

지 표	2002	2003	2004	2005	2006	2007	2008
실질 GDP성장률(%)	4.43	4.52	6.18	4.97	5.45	7.30	4.60
GDP(미$ 10억)	78.0	79.6	86.7	98.4	116.9	144.1	150.7
1인당 GDP(미$)	970	977	1,038	1,153.8	1,344.7	1,625	1,527
수출(미$ 10억)	35.0	36.2	39.6	40.5	46.2	50.2	
수입(미$ 10억)	33.5	37.4	40.3	47.7	53.1	55.3	
연평균환율(미$:페소)	51.6036	54.2033	56.0399	55.0855	48.0899	46.1484	
소비자물가(%)	3.1	3.1	6.0	7.6	6.2	2.8	9.3
실업률(%)	11.4	11.4	11.8	8.1	7.4	7.8	
산업구조 − 농수산업(%) − 2차산업(%) − 서비스업(%)	14.7 32.5 52.8	14.5 32.3 53.2	15.2 31.9 52.9	14.3 32.2 53.4	14 32 54	13 32 55	
해외근로자 송금액 (미$ 10억)	7.2	7.6	8.6	10.7	12.8	10.3	16.4
외채(미$ 10억)	53.6	57.4	54.8	54.2	53.4	53.15	
대외채무의 GDP 비중(%)	69.8	72.5	63.7	55.1	54.9	45.39	
원리금상환액 비중(%)	9.9	9.98	8.32	7.64	6.76	6.64	
− 이자상환비중(%)	3.3	3.16	2.73	2.70	2.12	5.30	
− 원금상환비중(%)	6.5	6.82	5.59	4.94	4.64	40.37	
외환보유고(미$ 10억)	16.4	17.1	16.2	18.5	22.96	30.9	39.3 ('09.2)

자료: Selected Philippine Economic Indicators, National Accounts of the Philippines, Philippine Statistical Yearbook, Dept. of Budget and Management The Economic intelligence Unit Estimates.

필리핀 주요 지역의 교역현황을 보면 루손지역은 수출과 수입 등 교역량이 압도적으로 큰 가운데 수입이 수출을 초과하는 상태를 지속하고 있으나, 민다나오지방은 수출이 수입을 두배 이상 초과하고 있는 상태이다.

표(1-8) 필리핀 주요 지역 연도별 수출입액(백만달러)

주요 지역(F.O.B., 백만달러)	2005	2006	2007
Luzon			
수출	36,511.5	41,166.8	43,605.0
수입	43,591.9	47,401.1	50,794.6
Visayas			
수출	2,928.1	4,134.5	4,238.9
수입	2,916.8	3,435.0	3,558.9
Mindanao			
수출	1,815.1	2,108.8	2,621.8
수입	909.4	937.6	1,160.2
Trade indices (1995=100)	2004	2005	2006
Quantum index			
수출	193.0	187.0	242.0
수입	154.0	156.0	161.0
Price index			
수출	127.0	136.0	113.0
수입	107.0	119.0	125.0
Value index			
수출	245.7	254.3	273.5
수입	164.8	186.1	201.6

자료: BAS, Selected statistics on Agriculture 2008.

수출가격은 1995년을 100으로 할 때 2005년 127.0에서 2007년에는 113.0으로 하락한 대신에 수입가격은 107.0에서 125.0으로 상승하고 있다.

최근 3년간(2005~2007년) 필리핀의 주요 교역국별 무역은 미국, 일본, 중국, 싱가포르, 홍콩, 대만, 한국 등의 순으로 미국, 일본과의 수출량은 안정적인 데 반하여 수입량은 감소 추세이다. 중국과의 교역은 수출과 수입에서 지속적으로 증가 추세이다.

지역경제권인 APEC 및 ASEAN과의 교역은 수입과 수출 모두 지속적으로 증가하는 가운데 수입이 보다 빠른 속도로 증가하고 있어서 수입초과액이 매년 증가하고 있는 상태이다.

필리핀의 제7위 교역국인 한국과의 수출과 수입은 꾸준히 증가하고 있는 가운데 수입이 수출보다 1.5배 정도 많은 수입초과 상태가 계속되고 있다.

표(1-9) 필리핀의 주요 교역국별 교역현황(2005~2007)

주요 국가(백만달러)	2005	2006	2007
미국			
수출	7,417.6	8,689.5	8,593.9
수입	9,096.3	8,437.0	7,835.5
일본			
수출	7,206.1	7,917.8	7,304.1
수입	8,071.1	7,270.2	6,841.5

주요 국가(백만달러)	2005	2006	2007
중국			
수출	4,077.0	4,627.7	5,749.9
수입	2,972.6	3,647.4	4,001.2
싱가포르			
수출	2,706.9	3,505.0	3,183.7
수입	3,727.4	4,378.7	6,218.9
홍콩			
수출	3,340.7	3,706.0	5,803.5
수입	1,929.0	2,095.6	2,218.7
타이완			
수출	1,888.1	2,010.3	1,973.4
수입	3,549.0	4,145.0	4,061.5
한국			
수출	1,391.3	1,422.8	1,783.7
수입	2,294.4	3,199.6	3,278.2
말레이시아			
수출	2,458.9	2,621.4	2,506.7
수입	1,779.2	2,102.1	2,283.2
네덜란드			
수출	4,032.6	4,769.2	4,149.5
수입	407.4	409.5	464.2
태국			
수출	1,169.2	1,324.7	1,403.0
수입	1,582.7	2,075.5	2,277.3

주요 국가(백만달러)	2005	2006	2007
주요 지역경제공동체			
APEC	71,744.1	78,183.0	83.188.1
수출	33,400.3	37,577.1	40,365.8
수입	38,343.9	40,605.8	42,822.3
Balance of trade	(4,943.6)	(3,028.7)	(2,456.5)
ASEAN	16,024.2	18,410.5	20,907.0
수출	7,149.9	8,192.2	8,031.9
수입	8,874.3	10,218.3	12,875.1
Balance of trade	(1,724.3)	(2,026.1)	(4,843.2)

자료: Selected statistics on Agriculture, Bureau of Agriculture statistics(BAS), Departments of Agriculture(http://bas.gov,ph)

한국과 필리핀의 교류는 상품교역뿐만 아니라 투자, 관광객 교류 등의 분야에서 지속적으로 활성화되어 왔으며 자원에너지협력협정, IT협력협정, 이중조세방지협정 등 투자에 관련된 협정도 체결되어 있다.

한국의 주요 수출품목은 전자부품, 직물, 철강제품 등이고 주요 수입품은 전자부품, 농산물, 비철금속 등이다. 필리핀 교민은 영주권자 1,500명을 포함하여 장·단기 체류자가 5만~6만 명이고 연간 60만 명의 관광객이 필리핀을 방문하고 있다.

표(1-10) 한-필리핀간의 교역현황

체결협정	자원에너지협력협정('05), IT협력협정('05), 이중조세방지협정 등
교역규모 ('06.6)	US$ 1,833백만 (대 필리핀 수출) US$ 1,077백만 (대 필리핀 수입)
교역품	전자부품, 직물, 철강제품 (우리나라 수출) 전자부품, 농산물, 비철금속 (우리나라 수입)
투자교류	대필투자:US$ 187.67백만 실제투자(2006년 3월누계, BSP통계 기준) 대한투자:US$ 47,130천 투자신고(2006년 6월누계, 산자부 통계)
교민	영주권소지자 1,500명 포함 장기체류자 37,000명 추정 단기체류자 포함 시 50,000~60,000명 내외
관광객 (2006)	필리핀 방문 한국인 약 60만 명(국가별 방문객 수 1위) 한국 방문 필리핀인 약 5만 명

2) 국가별 필리핀 투자동향

한국의 대 필리핀 투자는 2006년의 경우 527억페소로 미국, 일본을 제치고 투자 1위국가로 부상하였다.

한국의 투자액은 전년 동기 대비 401%가 급증하여 한국 기업들의 필리핀 진출 열기가 최근 들어 고조되고 있음을 알 수 있다.

표(1-11) 필리핀 외국인 직접투자 금액

단위: 백만PHP, %

연도	2003년	2004년	2005년	2005(1~9월)	2006(1~9월)	
				금액	금액	증가율
투자액	34,010.3	173,895.2	95,806.8	59,455.5	152,044.9	155.7

표(1-12) 필리핀 국가별 외국인 직접투자 금액(백만PHP)

연도	2003	2004	2005	2006	증가율(%) ('06/'05)
투자액	34,010.3	173,895.2	95,806.8	165,880.0	73.14
한국	712.2	3,260.3	10,828.4	54,326.8	401.71
미국	10,432.1	27,108.4	14,912.7	38,199.1	156.15
일본	8,840.8	26,596.2	27,538.9	20,065.7	−27.14
중국	310.8	126.6	194.6	17,934.6	9116.14
영국	2,380.7	1,682.8	195.1	5,886.6	2917.22

삼성전자, 한국전력, 삼성전기, 한진중공업 등 주요 대기업들이 현지의 전기전자, 조선 등의 분야에 진출하고 있고 사회기여활동에도 활발하게 참여하고 있다.

3) 필리핀의 투자환경

(1) 높은 시장 접근성과 풍부한 광물자원

필리핀은 한국, 일본, 중국 등 동북아시아와 베트남, 말레이시아, 인도네시아 등 기타 동남아시아 국가들과 지리적으로 인접한 위치에 있다.

크롬, 니켈, 금, 동, 철과 같은 15가지 금속성 광물과 석회석, 대리석, 현무암 등과 같은 20가지 이상의 비금속성 광물을 다량 보유하고 있으며, 이 중에서 크롬, 니켈의 매장량은 세계 10위권에 자리하고 있다.

(2) 우수한 인적자원 및 낮은 문화·종교적 배타성

필리핀은 인접한 다른 동남아시아 국가보다 낮은 문맹률
(15.9%, 2008년도 기준)과 높은 영어 사용률을 바탕으로 우수한
노동력을 보유한 나라로 평가받고 있다.

외국인에 대한 문화·종교적 이질감이 적어 해외 투자자들에게
상대적으로 유리한 진출 여건도 갖추고 있다.

(3) 투자진흥공사를 통한 투자 인센티브 지원

필리핀은 4개의 투자진흥기관을 통한 투자기업들에게 소득세·
영업세 면제 등의 금전적 인센티브와 수출입 시 통관 절차 간소화
등의 비금전적 인센티브를 부여하고 있다.

(4) 외국인 투자 장려 분야

값싼 노동력 확보의 용이성과 높은 영어 사용률을 기반으로 제
조업과 노동집약적인 전자산업뿐만 아니라 IT 및 기타 IT 관련산
업의 투자가 증가하고 있다.

매년 상반기 필리핀 투자청(BOI)에서 발표하는 '중점 투자 유치
계획(Investment Priorities Plan)'을 중심으로 투자 진출 시, 현
지 정부로부터 금전적·비금전적 투자 인센티브를 수혜받을 수
있다.

2006년 9월 기준 필리핀에 대한 외국인 직접투자금액은 1,520.4억
(PHP)로 작년 동기 대비 156% 수준으로 증가하였다.

02

필리핀의 투자유치 제도와 한국의 투자사업

제2장
필리핀의 투자유치 제도[3]와 한국의 투자사업

1. 투자 정책

1) 외국인 투자유치 정책

필리핀은 1976년 자국의 산업 활성화를 위해 '투자 인센티브법(Investment Incentive Act)'을 제정하고, 이듬해 동법을 바탕으로 '투자청(Board of Investment)'을 신설하여 내·외국인의 투자유치를 위한 기틀을 마련하고, 1987년에는 '종합 투자법(Omnibus investment Code of 1987)'을 제정하여, 그간 분산되어 있던 투자관련 법규를 통합, 내·외국인의 투자인가절차를 간소화했다.

필리핀 투자청(BOI)은 매년 상반기 '종합 투자법'을 바탕으로 투자우대 분야에 인센티브를 부여하는 '중점 투자 유치 계획(Investment Priorities Plan)'을 토대로 투자정책을 추진하고 있다. 또한 '외국인 투자법'을 근거로 쌀, 옥수수 등 농업관련산업은 40%까지 소유를 인정하고 있다.

---

3) 주필리핀대사관(http://embassy_philippines.mofat.go.kr), 경제통상>경제통상 새소식 : KOTRA 마닐라무역관에서 발표한 「2007 필리핀 투자 핵심가이드」 내용을 축약·정리한 내용임

필리핀 정부의 '중점 투자 유치 계획(Investment Priorities Plan;IPP)'은 투자유치 확대분야(Preferred activities), 제한 투자유치 확대분야(Mandatory Inclusions-자국 내 분야별 관련 법규에 근거), 수출확대 장려분야(Export Activities), 외국인 투자 확대 유도 프로그램(Projects under Retention, Expansion and Diversification Program), 상품 및 서비스 설비 이전에 대한 우대조건 (Relocation Activities) 등 5개 분야로 구분하고 있다.

또한 필리핀 정부는 외국인 투자 촉진을 위해 1991년 '외국인 투자법(Foreign Investment Act of 1991)'을 제정하고 외국인 투자 지분에 대해 헌법과 법률이 명시한 '외국인 투자 제한항목 (Negative List)'을 제외한 100%의 소유를 인정하고 있다.

이 밖에 지방정부별로 투자유치를 위한 조례, 규칙 등을 제정, 운영하고 있다.

2) 주요 투자 우대분야

(1) 투자 유치 확대 분야(Preferred Activities)

• 농림사업(Agribusiness)

농·수산제품의 상업적 생산/농·수산제품 및 부산물, 폐기물의 상업적 가공 등 분야

• 건강 및 건강관리 제품과 서비스 산업(Healthcare and Wellness Products and Service)

병원/의료 서비스, 기타 건강 관련 제품 및 서비스, 은퇴촌, 의료수혜지역 확대 및 관련 서비스, 의약품 제조, 비타민, 철분, 요오드 등과 같은 건강 보조제품 제조 등의 분야

• 정보·통신기술(Information and Communications Technology)

IT산업 및 IT관련 서비스 및 IT 기반의 통신 서비스 등의 분야

• 전자산업(Electronics)

제조자 디자인 생산(ODM), EMS(Electronic Manufacturing Services), 가전제품을 제외한 전자제품 생산, IC디자인, 전자산업 분야에서 사용되는 금형, 정밀공구 등의 제품/부품 생산 및 관련 제품 생산, 테스트 및 기타 서비스 장비의 확립(사실상 신기술 관련 제품) 등의 분야

• 자동차(Motor Vehicle Products)

자동차 부품 및 구성품의 제조, 신규 부품 및 구성품의 개발을 위한 조립생산과 관련된 분야

• 에너지(Energy)

에너지 자원의 탐사, 개발 및 활용, 이 밖에 에너지 자원의 효율성 증대 및 보존과 관련된 에너지 기술을 활용한 분야

• 기간시설(Infra structure)

공공시설, 통신, 물류, 교통시스템, 다세대주택 개발 등의 분야로 BOT 규정에 해당되는 분야도 포함

- 관광(Tourism)

관광 단지, 관광 편의/숙박 시설, 유적지 개발 및 기타 관광객 유치와 관련된 분야

- 조선업/해운업(Shipbuilding/Shipping)

조선, 선박 수리, 조선소 운영, 항만 터미널 운영과 관련된 분야

- 보석류(Jewelry)

금은세공 및 패션 주얼리 제조분야

- 패션의류(Fashion Garments)

제3국(미국 등) 수출을 겨냥한 패션 의류제품 분야

- 기타

위의 투자 장려 항목에 명시된 업종의 지원을 위한 기계, 장비, 원자재 및 중간재 투자

(2) 투자 수출확대 장려 분야(Export Activities)

- 수출용 재화/서비스의 제조 분야

내국인 소유기업의 경우 생산품의 50% 이상 수출 시 또는 외국인 소유기업의 경우 생산품의 70% 이상 수출 시(원자재의 가공단계를 거쳐야 함. 원자재 직수출 시 해당 없음) 특히, 재활용품(recycled materials)의 가공과정 없이 수출할 경우, 정부에서 부여하는 인센티브 혜택을 받을 수 있다.

단서조항으로는 동분야 관련 품목 중 자국의 수요대비 공급 부

족현상 발생 시, 한시적으로 투자청(BOI)에서 수출 장려품목에서 제외할 수 있다.

(3) 수출업체 지원 관련 분야

- Services comprising a portion of the manufacturing process
- Sub-assembly of parts/components of the final export products
- Fabrication of parts/components of final products where in the raw materials are provided by the direct exporter
- Product testing and inspection
- Repair and maintenance

(4) 제한적 투자유치 확대분야(Mandatory Inclusions)

- 대통령령 705호에 근거한 상업성 조림사업
- 법령 7103호에 근거한 Iron과 Steel 분야
- 법령 7942호에 근거한 광물의 탐사, 채광, 채석, 가공 분야
- 법령 8047호에 근거한 교과서 및 서적의 출판 및 인쇄 분야
- 법령 8479호에 근거한 석유제품의 정제, 저장, 매매, 공급 분야
- 법령 9003호에 근거한 생태학적 고형 폐기물 관리 분야
- 법령 9275호에 근거한 청정 수질 관리 분야
- 법령 7277호에 근거한 장애인의 사회복귀, 자아개발, 자립 관련 분야

- 법령 6957호 및 7718(개정)호에 근거한 10억페소(약 미화 2,000만달러) 이상의 Build-Operate-Transfer(BOT) 프로젝트 분야 및 쌍무 협정(Bilateral Agreement)에 의한 활동 분야

3) 외국인 투자 확대 유도 프로그램(Projects under the retention, expansion and diversification-R.E.D-Program)

기존 외국인 투자가들의 사업 지속 유지(Retention) 및 확장(Expansion), 다각화(Diversification)를 유도하기 위한 활동을 포함하며, 투자청(BOI)에 의해 확립된 일반 우대정책 및 특별지침 등을 보완한 지원 방침을 담고 있다.

위에 언급된 R.E.D 프로그램과 별도로 이전(Relocation) 시의 지원계획을 담고 있는 상품 및 서비스 설비 이전에 대한 우대조건(Relocation Activities)등이 있다.

4) 투자 인센티브

필리핀 국내외 투자자는 '중점 투자 유치 계획(IPP)'에 명시된 사업분야에 투자하거나, 투자업체가 생산한 제품의 최소 70% 이상을 수출할 경우, 현지 종합투자법(OIC)에 의거하여 각종 금전적·비금전적 인센티브를 수혜받을 수 있다.

인센티브의 수혜를 위해서 투자자는 현지 4대 투자진흥기관 중 본인의 사업 특성에 적합한 투자진흥기관을 선택하여 사업자 등

록을 해야 한다.

필리핀 4대 투자진흥기관은 투자청(BOI), 경제특구관리청(PEZA), 수빅만관리청(SBMA), 클라크개발공사(CDC)이며, 인센티브의 범위는 기관별로 조금씩 차이가 있는데 이 중 한국 기업이 가장 많이 등록되어 있는 투자청(BOI), 경제특구관리청(PEZA)의 인센티브 내역은 표(2-1), 표(2-2)와 같다.

경제특구관리청(PEZA)의 경우, 현지 투자청(BOI) 투자 인센티브 내역 외에 추가적인 금전적·비금전적 인센티브가 있다.

표(2-1) 경제특구관리청(PEZA) 투자 인센티브 내역

금적적 인센티브	비금전적 인센티브
• 소득세(Income Tax) 면제 기간 동안 지방세 및 등록/허가세 면제 (단. 부동산세 제외) • 세금 혜택 기간 이후, 모든 국세 및 지방세 대신 총소득(Gross Income)의 5% 세금 부과 • 외국계 지사의 이익금 역외(offshore) 송금 시 송금세(Remittance Tax) 면제 • 자본재, 예비 부속품, 제품 원자재 및 공급품에 대한 수입관세 및 세금 면제	• 외국인 투자자가 경제특구지역에 US$ 10만달러 이상 신규 투자 시 영주권의 혜택이 주어지며, US$ 15만달러 이상 신규 투자 시, 투자자, 배우자, 21세 미만의 자녀에게도 영주권의 혜택이 주어짐 • 외국인 투자자가 등록기업의 대주주일 경우, 외국인도 최고 경영자로 인정되며, 외국인 고용에 대한 제한이 줄어들고 비자 절차도 간소화됨

주1) 지역균형발전 원칙에 따라 Metro Manila 내 사업/프로젝트는 소득세 면제 혜택 없음

표(2-2) 투자청(BOI) 투자 인센티브 내역

금적적 인센티브	비금전적 인센티브
1. 소득세(Income Tax) 면제 부분[주1] • 개척분야(Pioneer enterprises)의 경우, 사업 개시일로부터 6년간 소득세 면제 • 비-개척분야(Non-pioneer enterprises)의 경우, 사업 개시일로부터 4년간 소득세 면제 • 수출사업 분야로 확장한 기업의 경우, 사업 개시일로부터 3년간 소득세 면제 2. 영업세(Business Tax) 면제 부분 • 개척분야(Pioneer enterprises)의 경우, 사업 개시일로부터 6년간 영업세 면제 • 비-개척분야(Non-pioneer enterprises)의 경우, 사업 개시일로부터 4년간 영업세 면제 3. 기타 • CBW 운영을 목적으로 생산품의 70% 이상 수출할 경우, 원자재 수입에 대한 관세 및 세금 면제 • 종축(Breeding Stock) 및 유전물질(Genetic Material) 수입 시, 사업개시일로부터 10년간 수입관세 및 세금 면제 • 저개발 지역의 주요 기간시설 및 공공설비 분야 건설 시 발생된 비용 중 과세소득(Taxable Income) 부분 감면 • 등록일로부터 5년간 등록 기업은 추가 기술 습득 노동자 및 미숙련공 월급의 50%에 대한 과세소득(Taxable Income) 부분 감면	• CBW(Customs Bonded Warehouse) 수출기업인 경우, 수입관세 및 세금 감면 또는 납입기한 연장 • 수출입 시, 통관절차 간소 • 위탁 장비의 무제한 사용 • 감독, 기술, 고문직에 대한 외국인 고용 허용

주1) 지역균형발전 원칙에 따라 Metro Manila 내 사업/프로젝트는 소득세 면제 혜택 없음

2. 외국인 투자의 절차 및 과정

1) 외국인 투자 형태

필리핀 회사법에 의거하여 설립 가능한 회사는 '단독기업 (Individual Proprietorship)' '공동기업(Partnership)' '합자회사 (Joint Stock Company)' '협동조합(Cooperative Association)' '신탁사업(BusinessTrust)' '법인 (Corporation)' 등이 있다.

그러나 필리핀 투자법상 미화 250만달러 미만의 자본금을 가진 단독 또는 공동기업은 외국인 명의로 설립이 불가능하므로, 외국 인은 주로 주식회사 형태의 법인(Stock Corporation)을 설립하거나, 외국계 기업의 지사(Branch Office) 또는 대표사무소(Representative Office)의 형태로 현지에 진출하고 있다.

2) 법인 설립

(1) 법인 설립 절차

필리핀 현지 은행에 최소 미화 20만달러 예치

투자자는 투자 목적을 명확하게 정립하고 기업에게 유리한 투 자방식 및 투자지역을 선정한 후, 사업을 위한 최소 납입금(US$ 20만)을 필리핀 지방 은행(Local Bank)에 예치해야 한다.

**필리핀 4대 투자진흥기관에 사업 허가 신청
(투자 인센티브 필요 시)**

납입금 예치 은행으로부터 은행잔고증명서를 발급받아 필리핀 4대 투자진흥기관(BOI, PEZA, SBMA, CDC) 중 택일하여 사업 승인을 신청해야 한다.(단, 투자 인센티브 비수혜 기업의 경우 필리핀 투자진흥공사의 사전등록 없이 바로 증권거래위원회(SEC)에 사업자 등록을 할 수 있음)

필리핀 증권거래위원회에 사업자등록 신청 (Securities and Exchange Commission-SEC)

현지 투자진흥공사 투자 승인 후, 투자자는 필리핀 증권거래위원회(SEC)에 사업자등록을 해야 한다.

필리핀 중앙은행(BSP)에 사업자등록

투자자는 증권거래소(SEC)의 등록서류를 첨부하여 필리핀중앙은행(BSP)에 사업자등록을 해야 한다.

필리핀중앙은행(BSP) 등록은 이익금 송금 및 투자자본 철수 시 투자자의 권익 보호를 위해 필요한 절차이다.

필리핀 국세청(BIR)에 사업자등록

필리핀중앙은행(BSP) 등록 후, 투자자는 필리핀 국세청(BIR)으로부터 세금 신고 및 납입을 위한 납세번호(TIN)를 부여받아야 한다.

지방세 및 기타 지방 공공시설이용을 위해 지방정부로부터 사업허가(Business Permit)를 받아야 한다.

투자자(사업주)는 고용인을 위한 사회보장제도(SSS) 등록, 의료보험 가입, 용수 및 전력공급 신청 등의 사업 시작을 위한 기본적인 절차를 수행한다.

3) 원스톱 기업활동지원센터[4]

필리핀 정부는 기업 설립과 운영을 지원하기 위하여 원스톱 기업활동지원센터(National Economic Research and Business Assistance Center, NERBAC)를 설치하고 있다. 이 기구는 법률 7470호(1992)로 공표된 '국립 경제연구 및 기업활동 지원센터(NERBAC)설립에 관한 법'에 의거한다. 필리핀 전역에는 15개 지역마다 1곳씩 원스톱 기업활동지원센터가 설치될 예정이다.

Region Ⅱ, 즉 카가얀 지역(Cagayan Valley)을 관할하는 기구의 사례를 보면, 이곳의 역할은 다음과 같다.

---

4) 필리핀 루손섬(이사벨라주, 타북시) 농업투자환경 조사보고서, 해외농업투자환경 조사보고서 기업 시리즈 2, KCFEED, 2008.12.에서 발췌

- 투자자에 대한 정보 제공과 인허가 및 등록 장소
- 투자자들이 보다 신속하고 편리하게 절차를 마칠 수 있게 한 곳에서 모든 서류 작성과 제출이 가능하도록 함으로써 하루에 모든 일이 마무리되도록 함
- 장비와 수송, 중간상인 등에 관한 정보도 제공

카가얀 지역에는 2008년 8월에 개소하였으며, 총 18개 관련 기관의 역할에 대한 담당자가 근무하고 있다.

4) 조세제도

(1) 법인세

외국 기업에 부과되는 세금은 필리핀 현지에서 발생하는 소득을 기준으로 하며, 법인세율은 정부의 예산 부족 해소를 위해 2005년 1월부터 한시적으로 35%로 상향 조정되었으나, 2009년 1월 다시 30%로 환원되었다.

필리핀 증권거래위원회(Security and Exchange Commission)에 등록된 기업인지 여부에 따라, 등록기업인 'Resident Foreign Corporation'의 경우, 필리핀에서 발생한 순소득(Net Philippine-source income)의 35%, 비등록기업인 'Non-Resident Foreign Corporation'의 경우, 필리핀에서 발생한 총소득(Gross Philippine-source income)의 35% 수준의 법인세가 부과된다.

외국 기업의 현지 지사(Branch Office)의 경우, 현지 판매, 제조, 서비스 제공 등으로 발생한 소득에 대해서는 내국 기업과 동

일한 기준의 과세율이 적용된다.

현지 지사의 과실송금은 일반적으로 송금액의 15%에 해당하는 송금세가 적용되며, 예외적으로 필리핀 경제특별구역관리청(PEZA: Philippine Economic Zone Authority)에 등록된 면세기업은 송금세가 면제되고, 현지 유류사업(petroleum operation) 참여가 허용된 외국 기업의 경우, 7.5%의 송금세율이 적용된다.

(2) 개인소득세

개인소득세는 개인의 정기 또는 비정기 소득에 대해 부과되는 세금으로 크게 내국인, 비거주 시민권자(Non- Resident Citizen), 외국인(Alien)으로 구분하여 5~32%의 차등 누진세율이 적용된다.

표(2-3) 일반 과세율

소득 구분	내국인 (현지인/외국인)	비거주 시민권자/외국인(180일 초과 체류)	비거주시민권자/외국인(180일 이하 체류)
이자소득 및 로열티	20%	20%	25%
각종 포상금	20%	20%	25%
현지기업의 배당금	10%	20%	25%
현지 주식시장에서 거래되지 않은 주식으로부터 발생한 자본소득	최초 10만페소: 5% 초과분: 10%	최초 10만페소: 5% 초과분: 10%	최초 10만페소: 5% 초과분: 10%
부동산 거래에서 발생한 추정소득	6%	6%	6%
다국적기업 지역 본부 근무소득	15%	15%	15%

표(2-4) 내국인 대상 소득세 과세율

소득 범위	과세금액	해당 소득범위 초과분 과세율
10,000페소 미만	없음	5%
10,000페소 - 30,000페소 미만	500페소	10%
30,000페소 - 70,000페소 미만	2,500페소	15%
70,000페소 - 140,000페소 미만	8,500페소	20%
140,000페소 - 250,000페소 미만	22,500페소	25%
250,000페소 - 500,000페소 미만	50,000페소	30%
500,000페소 이상	125,000페소	32%

내국인(Resident Citizen)은 국내외에서 발생하는 모든 소득에 대해 과세해야 하며 비거주 시민권자(Non-Resident Cotizen) 및 외국인은 필리핀 국내에서 발생하는 소득에 대해서만 과세하는데 적용 과세율은 현지 체류기간을 기준으로 산정한다. (180일 이내 25%, 180일 초과 32%)

한국-필리핀 간 이중조세 방지협정이 체결되어 있어, 현지에서 연간 180일 이상 체류 시에는 필리핀 정부에 소득세를 납부해야 하며, 180일 미만 체류 시에는 비거주자로 분류되어 현지에서 발생한 소득의 25%를 납부해야 한다.

표(2-5) 현지 거주 외국인 대상 소득세 적용 기준

월 급여 수준(US$)	과세액(US$)
2,500	737
3,000	897
3,500	1,057
4,000	1,217
4,500	1,377
5,000	1,537

* 상기 과세액은 2002년 3월 31일자 현지화 환율(US$1=54.75페소)을 적용하여 환산한 금액임

소득공제 대상 및 공제액은 독신인 경우(Single): 2만페소이며, 부양가족이 있는 독신가장(미혼 또는 이혼 후 생계 담당)의 경우 2만5,000페소이고 혼인한 배우자는 3만2,000페소를 공제받을 수 있다.(8,000PHP/1인당, 부양가족 최대 4명까지 적용)

(3) 부가가치세

필리핀 현지의 부가가치세는 내외국기업 구분 없이 일괄적으로 10%가 적용되었으나, 2006년 1월부터 부가세율이 12%로 상향 조정되었다.

일정 요건을 충족한 수출품 및 특별 경제구역(Special Economic Zones)에 소재한 기업들이 구입한 금액에 대해서는 부가세가 면제된다. 한편, 연간 총 수입이 150만페소 미만인 경우는 부가세 면제 대상이다.

(4) 기타 간접세

표(2-6) 고정세율 적용 간접세

구 분	과세기준
국제 항공/해운 수송	분기별 총 수입의 3%
Gas/상하수도 설비 프랜차이즈	총 수입의 2%
라디오/TV방송국	연간 1,000만페소 미만의 총수입 기준 3% (* 연간 1,000만페소 초과 시 VAT 납부대상)
해외 송금(전신, 전화, 유무선 통신 서비스 포함)	현지 은행에 지불되는 수수료의 10%
생명보험사 보험료 납입액	총 모금액의 5%
각종 포상금	총 수령액 기준 10~30%의 차등 세율 적용
주식 거래세	거래방식에 따라 0.5~4% 차등 세율 적용
주류세	8%
담배세	6%(2009~2011년 기간 중 11.5%로 인상)
유류세(가스, 나프타, 가솔린 등)	0~4.35페소/리터
광물세	10.00페소/mt(Coal, coke), 최종 생산물의 시장가격 기준 2%(비금속광물), 국제시세 기준 3%(Indigenous Pertoleum)
자동차세	생산가/수입가 기준 60만페소까지: 2% 60만~110만페소까지: 12,000페소+20% (60만페소 초과분 가치의) 110만~210만 페소: 11만2,000페소+40% (110만페소 초과분 가치의) 210만페소 이상: 51만2,000페소+60% (210만페소 초과분 가치)
인지세	대상 금액 200페소당 0.5~1.0페소 차등 부과
부동산세	Province: 과세대상 가치의 1% 이내 City: 과세대상 가치의 2% 이내

5) 고용과 노무관리

(1) 고용

현지인의 고용과 관련하여 특별히 법적으로 요구되는 절차는 없으나 15세 미만 미성년자의 고용은 부모 또는 후견인의 책임 하에 위험하지 않은 작업에만 종사 가능하며 피고용자로 분류되지 않는다.

임시직으로 고용했더라도 6개월 이상 고용하게 되면 법적으로 자동 정규직으로 인정되어 해고가 어렵게 된다.

(2) 인력

2006년 현재 필리핀에는 약 250만 여 명의 실업자(실업률 8.4%)가 있는 상태로, 업종과 숙련도 여부에 상관없이 노동력의 확보에는 별문제가 없다.

제조업 미발달로 고기술을 요하는 숙련노동자의 확보에는 다소 문제가 있으나 전반적으로 채용 후 일정 기간의 훈련으로 작업에 쉽게 적응하는 편이다.

가정을 중시하여 집안일 때문에 결근하는 사례가 잦은 편이다. 서구화의 영향을 받아 자신의 업무영역 이외의 일은 기피하는 성향이 있는데, 개선되는 추세를 보이기는 하나 특히 부녀자의 경우 치안상의 문제 등으로 잔업 또는 초과근무를 싫어하며, 경영주의 입장에서도 생산성과 추가 비용을 감안하면 비효율적이다.

업무의 내용과 한계를 명확히 설명해 주면 싫증을 내지 않고 반

복적인 작업에도 잘 적응하며 손재주가 뛰어나 업종에 따라 차이
는 있지만 일정 기간 훈련 후 생산성은 우리나라의 약 80% 수준
에 도달할 수 있는 것으로 알려져 있다.

(3) 임금

급여기준 정규근무 시간은 아래와 같다.

- 생산직: 하루 8시간 주 48시간
- 사무직: 하루 8시간 주 40시간
- 점심시간: 하루 1시간

임금정책은 노동 고용부 산하 National Wages & Productivity
Commission(NWPC)이 관장하고 있으며 RA 6727(1989년 공포)
에 기초하여 최저 임금제가 시행되고 있다.

수도권인 METRO MANILA의 최저임금은 1일당 350페소
(2006년 현재) 수준이고 마닐라 근교 지역으로 우리나라 기업의
입주가 가장 많은 CAVITE의 일당 최저 임금은 1일당 266페소
(Cavite Economic Zone 기준) 수준이다.

초과 근무수당의 경우 시간외 근무는 가능하나 일반적으로 고
용주 및 피고용자 모두 초과근무를 선호하지 않는 경향이 있다.

수도권 업체들의 경우 교통비, 식비 보조 성격의 생활 보조비
(ECOLA) 50페소/일(2006년 현재)을 피고용자에게 지급해야
한다.

최근 국제유가 상승에 따른 교통비 등 물가 상승으로 노동단체

들이 임금 인상을 요구하는 추세이다.

시간외 근무수당의 적용기준은 다음과 같다.

- 정규 근무일: 정상 임금의 125%,
- 휴일, 일요일 및 특별 휴일: 정상임금의 130%,
- 야간 근무자의 근무수당: 정상임금의 110%(22:00~06:00)

법정 공휴일(Regular Holiday)이 주당 정기휴일과 겹친 경우 200%를 지급한다.

휴일은 업무의 성격에 따라 일요일이 아닌 다른 요일을 지정할 수도 있으며, 이 경우 근무하는 일요일은 별도의 초과근무수당지급을 요하지 않는다. 주당 6일 근무 후 최소한 24시간의 휴일이 보장되어야 한다.

2004년 12월 노동부 권고령(Labor Department Advisory No. 2)이 발표되어, 유해 작업장, 서비스업 등 일부 업종을 제외하고 노사 간 합의를 통해 1일 근무시간을 8시간이 아닌 10시간 또는 최대 12시간까지로 늘릴 수 있도록 변경하였다.

주당 근무시간 48시간을 준수하고 급여를 삭감하지 않는다면 근무일수를 6일에서 5일로, 또는 5일에서 4일로 축소할 수 있으며, 사용자 입장에서는 8시간을 초과하는 근무시간에 대해 초과근무수당을 지불하지 않아도 된다. 단, 합의된 시간을 초과하는 경우 초과근무시간은 지불해야 한다.

(4) 외국인 고용

외국인의 고용은 노동법(The Labor Code of the Philippines; Labor Code) Title Ⅱ 및 Omnibus Rules Implementing the Labor Code Rule XIV에 의거, 규정되어 있다.

취업을 목적으로 입국하고자 하는 외국인은 취업비자를 발급받아 입국해야 하며 필리핀 입국 후 취업코자 하는 외국인 및 외국인을 필리핀 내에서 고용하고자 하는 내외국인은 노동부로부터 고용허가서(Employment Permit)를 받아야 한다.

외국인 취업자가 고용허가를 받은 후 다른 직장으로 옮기거나 다른 종류의 업무에 종사하기 위해서는 노동부장관의 사전 승인을 요하며 이를 위반할 시에는 노동법 제 289조 및 290조에 의거해 처벌받고 추방될 수 있다.

비거주자인 외국인을 고용하고 있는 고용자는 노동부장관에게 고용 후 30일 이내에 성명, 국적, 국내 및 해외고용 직업과 체재자격의 종류 등을 포함하여 보고해야 한다.(Bureau of Employment Services에 권한 위임)

모든 거주자인 외국인은 Bureau of Employment Services에 등록해야 하는데 고용 허가서는 1년 또는 2년간 유효하며 유효기간 내에 정당한 취업의 사유로 갱신이 가능하다.

Bureau of Employment Services는 이민국(Commissionon Immigration and Deportation: CID)에 고용허가서 발급 여부를

통보해야 한다.

(5) 사회보장제도

1854년 6월 18일 발효된 사회보장법(Social Security Law; RA 1161)Sec.9에 의거, 60세 이하의 모든 피고용자와 이들을 고용하는 고용주는 동법의 적용대상에 포함되며, 동법 Sec. 8. (C) Employee 규정에서 정부 및 정부기관 등은 동법의 적용대상에서 제외되지만 대신 이들은 Government Service Insurance Act (GSIA)의 대상이 된다.

퇴직자는 퇴직한 달의 마지막 날에 동 법에 의한 Social Security System(SSS)의 가입이 종료된다. 퇴직 이후의 SSS에 의한 혜택은 매월 부양가족 연금과 퇴직금을 분할하여 지급받게 되며, 경조사 발생이나 입원 시 사망보조금(Death Benefits), 장애자보조금(Permanent Disability Benefits), 장례 보조금, 질병보조금, 출산보조금 등이 지급된다.

모든 피고용자를 대상으로 의료보험 가입이 의무화되어 있으며 고용주는 피고용자의 소득 수준에 따라 일정 금액을 납부해야 한다.

3. 한국 기업의 대표적인 투자사업

다음은 과거 투자를 통하여 이미 성공적으로 운영되고 있는 대표적인 사업들로서 필리핀 주재 한국대사관에서 제출자료를 중심으로 하여 요약·정리한 것이다.

1) 한국전력의 필리핀 발전부문 투자사업

❑ 사업개요

① Malaya 화력발전소 성능 복구 및 운영사업
  - 위치: 마닐라 동남쪽 60km 소재
  - 사업비: 2억6,250만달러(사업기간: 1995~2010년)
    - ROMM 방식(성능 복구, 운영, 유지보수, 경영)
  - 사업목적: 노후한 Malaya 화력발전소(65MW급)의 성능 개선 및 운영

② Ilijan 가스 복합화력발전소 건설 및 운영사업
  - 위치: 마닐라 남쪽 150km 소재
  - 사업비: 7.1억달러(사업기간: 1999~2022년)
    - BOT 방식(한전이 51%, 미쯔비스가 49% 지분 소유)
  - 사업목적: Illian지역에 가스 복합화력발전소(1,200 MW급) 건설 및 운영

③ Naga 화력 발전소 복구 및 운영사업
  - 위치: 세부 Naga시
  - 사업비: 1,970만달러(사업기간 2006~2012년)
    - Equity Investment(필리핀 현지 전력사 Salcon Power의 지분 40% 인수)
  - 사업목적: 노후한 Naga 화력발전소(205 MW급) 성능 개선 및 운영

④ Cebu 화력발전소 건설 및 운영사업

  • 위치: 세부섬 Naga시

  • 사업비: 4억8,400만달러(사업기간 2008~2036년)

  • 사업목적: Cebu 전력난 완화를 위해 신규 화력발전소 건설

    및 운영

    - BOO 방식

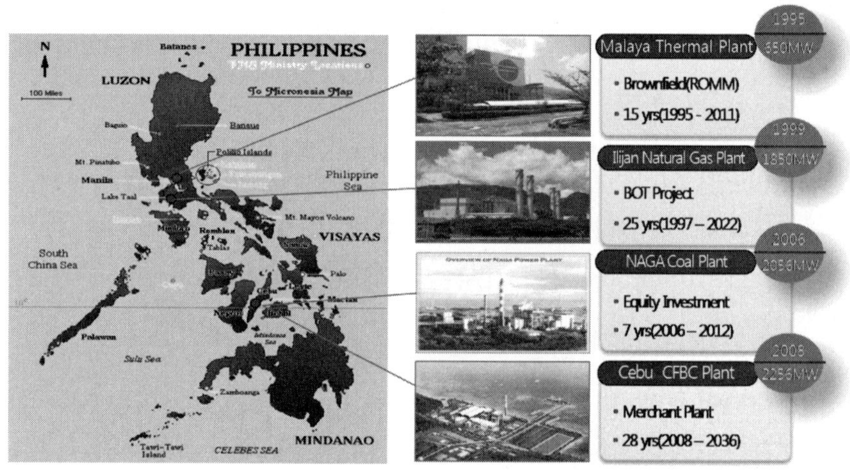

❑ 추진경위

  • 1995.   1: Malaya 화력발전소 단독입찰 참여, 낙찰

  • 1996.   4: Ilijan 복합화력발전소 입찰 참여(실패)

  • 1996. 12: Ilijan 복합화력발전소 재입찰 참여, 낙찰

  • 2004.   6: 필리핀 정부-한전간 Cebu 발전사업 진출 MOU

            체결

  • 2006.   : Naga 화력발전소 입찰, 낙찰

- 2008.　　 : Cebu 화력발전소 입찰, 낙찰
- 2008. 11: 국영전력회사(NAPOCOR)와 Bataan 원전 재개
  관련 타당성 조사 MOU 체결

❏ 기대효과

- 한국전력은 전력 분야의 우수한 기술과 노하우를 바탕으로 필리핀에서만 4건의 전력프로젝트를 수주, 필리핀 제2위의 민자발전사업자로 도약
  - Malaya 발전소는 5년(2004.2~2009.4) 무고장 운전을 이어가고 있으며, Ilijan 발전소는 2003년 미국 'Power' 지에 12대 우수 발전소로 지정되어, 한전의 기술력에 대한 국내외적 신뢰를 제고
- 특히, Cebu 화력발전소 사업의 경우, 두산중공업이 건설·시공(3억달러), 현대엔지니어링이 설계·감리(500만달러)를 맡아 동반진출하였다는 점에서 의의

❏ 참고사항

- 필리핀 발전시장은 과거 국영·독점 체제가 주류를 이어왔으나, 1980년대 이후 규제 완화와 개방화·민영화를 통한 자율경쟁체제로 전환 중
- 필리핀은 향후 원자력 발전 가능성을 검토 중이며, 한전이 1985년 완공된 이후 환경 NGO 등의 반발로 가동된 적이 없는 Bataan 원전에 대해 필리핀 정부의 요청으로 재가동 타당성 조사 실시 중(2009년 말 타당성 조사 완료 예정)

2) 삼성전기 필리핀 전자조립부문 투자사업

□ 사업개요

- 위치: 마닐라 남쪽 30km Laguna지역 소재(Camlamba 공단 내)

- 사업비: 3억달러(약 3,200명 고용)

- 사업목적: 적층세라믹콘덴서(MLCC), 칩저항, 탄탈콘덴서, SAW 필터 등 칩부품 생산공장 설립 및 운용

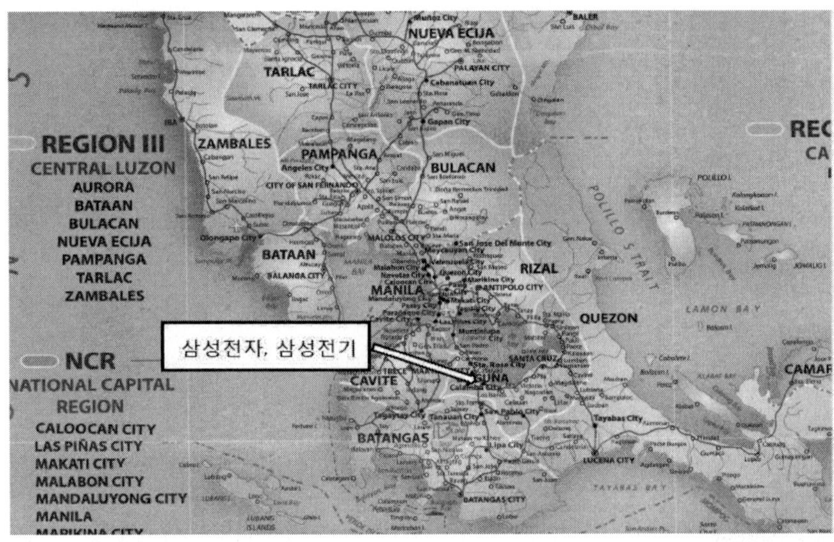

□ 추진경위

- 1997.　 : 삼성전기 필리핀 법인 설립

- 1999. 12: 현지 제1공장 준공

- 2001.　1: 현지 제2공장 준공

- 2007.　4: 필리핀 정부의 '고용창출 최우수 기업상' 수상

❑ 기대효과

• 1990년대 들어 후지쯔, 인텔 등 주요 IT 회사들의 연이은 진출로 매년 부품 수요가 30% 이상 급증하는 필리핀에 현지공장을 운영함으로써, 신속한 부품공급체계를 구축하는 한편, 역내 생산거점 확보

– 주요 거래선의 경우 한국에서 공급 시 일주일 이상 걸리던 물류시간이 최대 2시간 내로 단축되는 효과

• 필리핀을 전진기지로 삼아 동남아지역에 대한 직수출을 통해 물류시간 단축은 물론, 물류비 절감 효과

❑ 참고사항

• 필리핀 정부 및 현지 주민들로부터 환영받는 경영활동을 전개, 존경받는 기업상을 제시한 대표적인 사례

3) 삼성전자 필리핀 전자조립부문 투자사업

❑ 사업개요

• 위치: 마닐라 남동쪽 30km Laguna지역 소재(Camlamba 공단 내)

• 사업비: 3,300만달러(약 7,000명 고용)

• 사업목적: DVD 레코더, DVD 콤보, CD-RW, DVD-ROM 등 DVD 제품군 생산 목적의 공장 설립 및 운용

❑ 추진경위

• 2001. 11: 삼성전자 필리핀 법인 설립

- 2002.　　: 연 460만대 ODD 제품 생산
- 2006.　3: 필리핀 정부의 '최우수 수출업체상'과 '사회기여상' 수상
- 2007.　　: 연 4,500만대 ODD 제품 생산

❑ 기대 효과

- 매달 350만대의 DVD를 생산하며, 이는 삼성전자 전체 생산량의 약 50%에 해당
- 필리핀을 전진기지로 삼아 동남아지역에 대한 직수출을 통해 물류시간 단축은 물론, 물류비 절감 효과

❑ 참고 사항

- 필리핀 정부 및 현지 주민들로부터 환영받는 경영활동을 전개, 존경받는 기업상을 제시한 대표적인 사례

4) POSCO-PMPC 코일처리센터

❑ 사업개요

- 위치: 마닐라 남동쪽 60km Batangas지역 소재(FPIP 공단 내)
- 사업비: 800만달러(약 100명 고용)
  - POSCO-PMPC(Philippine Manila Processing Center)은 Posteel(Posco Steel Service & Service Co.Ltd.)이 100% 지분을 소유하고 있으며, Posteel은 POSCO가 100% 지분 소유

- 사업목적: 삼성전자(CD/DVD 제조), APC(American Power Conversion), 자동차 부품업체 등을 대상으로 철판(연간 5만톤 규모)을 가공(전단 및 절단: Slitting and/or shearing)하여 판매

❑ 추진경위

- 2007. 12.: 포스코의 판매계열사인 포스틸의 현지 법인 설립
- 2008. 12.: 바탕가스 타나우안 공장 준공

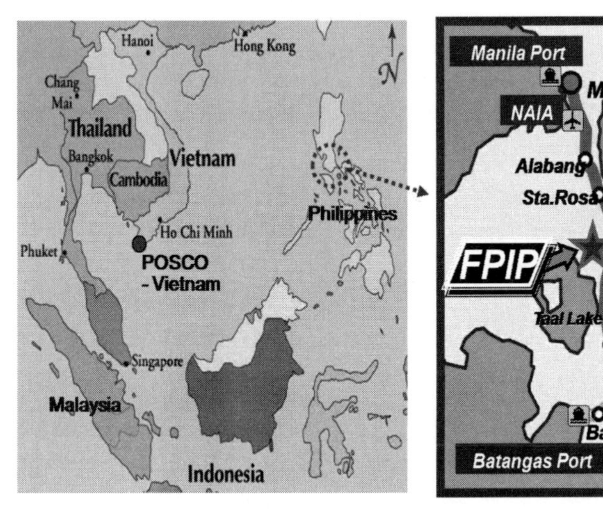

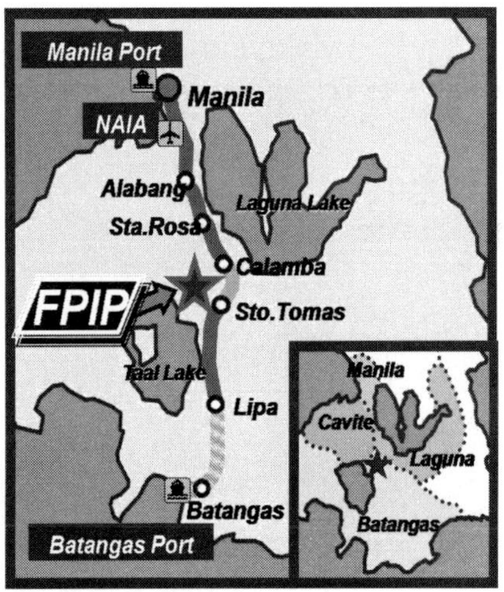

❑ 기대효과

- 종래에는 한국산 철강제품을 일본계 4개 코일센터가 가공하여 삼성전자를 포함한 현지 기업에 납품하였으나, 동코일센터 준공으로 일본계 코일센터를 대신하여 현지 기업에 코일 제품 공급

❑ 참고사항

• 한국계 최초 철강가공센터 설립

5) LG 라푸라푸 광산

❑ 사업개요

• 위치: 필리핀 Albay주 라푸라푸섬(마닐라 남동 375km)

• 사업비: 2억달러

  - 지분: LG상사 42%, 대한광업진흥공사 28%, MSC사
  (Malaysia Smelting Corporation) 30%

• 사업목적: 필리핀 복합광물 광산 개발

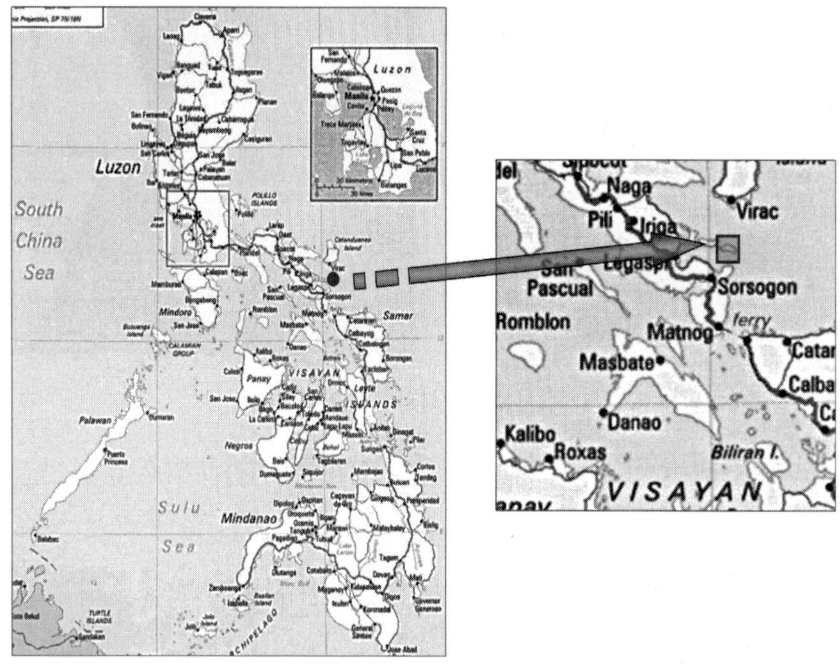

❏ 추진경위

- 2006. 9: 동·아연정광 시험생산
- 2008. 4: LG상사, 대한광업진흥공사, MSC 투자계약 체결
- 2008. 10: 광산 가동

❏ 기대효과

- 가채광량 415만톤(구리 1.48%, 아연 2.58%, 금 2.75g/t, 은 30.45g/t)에 근거, 연간 동정광 2만8,000톤, 아연정광 2만5,000톤, 금 335kg, 은 1.5톤 생산 추진
  - 향후 가행연수 6년(2009~2014년)

❏ 참고사항

- 강력한 필리핀의 환경 관련 NGO 등과의 관계, 최근 원자재 가격 하락 등으로 인한 경영상 애로 존재

현재 진행 중이거나 또는 향후 투자 계획이 있는 사업 중에서 대표적인 사업은 다음과 같다.

6) 한진 중공업의 수빅조선소 투자사업

❏ 사업개요

- 위치: 필리핀 Luzon섬 수빅만(마닐라 북서쪽 110 km)
- 사업비: 16억달러(연 고용 1만4,000명)
- 사업목적: 조선소 건설 및 운영(대지 50년 임차, 현재 공사 진행중)

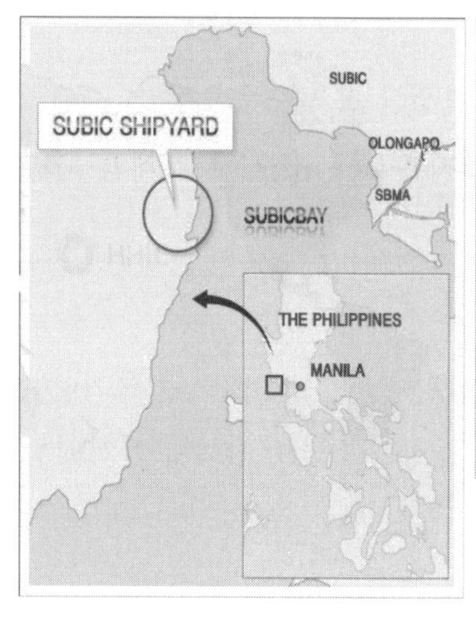

□ 추진경위

- 1973. : 필리핀 현지지사 설립(각종 종합건설사업 추진)

- 2005. 8: 필리핀 수빅만 자유무역항 지역 내 230만㎢ 규모
  의 조선소 건립 초기 협정 체결

- 2006. 2: 10억달러 상당의 수빅만 조선소 건립 투자협정 체결

- 2006. 2: 프랑스 CMA CGM사로부터 4,300 TEU급 4개
  선박 수주

- 2006. 5: 필리핀 수빅만 조선소 기공

- 2007. 5: 필리핀 수빅만 조선소 운영

- 2009. 4: 수빅조선소에는 제5도크와 제6도크가 들어서는
  바, 제5도크는 기 운영 중이며, 제6도크 공사는
  2009. 6월경 완료 예상

❑ 기대효과

- 한진중공업의 국내 영도조선소(약 25만㎢)는 부지가 협소하여 대형 선박과 해양구조물 건조에 한계가 있었으나, 신조선소 건설을 통해 한계를 극복하고 원가경쟁력 확보
- 수빅조선소는 2008년 말까지 총 44척의 선박수주량을 기록, 이 중에서 2척을 완공하여 선주에게 인도하였으며, 2009. 3월 추가로 2척을 완공(총 4척, 4,300 TEU급, 2.5억 달러)

❑ 참고사항

- 한진중공업은 필리핀 투자 진출에 따른 경영상의 제한을 극복하기 위해 조선소 건설과 선박 건조를 동시에 진행 중
- 한진중공업은 필리핀 남부 민다나오의 카가얀디오르 지역에 제2조선소 건설 가능성을 타진 중

4. 농업 분야 진출사업 개요

농업 분야 개발을 위한 한국 기업의 진출은 소규모로, 그리고 사료산업 위주로 진출하고 있는 것이 특징이며, 이렇다 할 계획적인 농업개발사업은 아직까지 찾기 어렵다.

현재의 시점에서 보면 농업 진출은 모색단계에 있다고 할 수 있으며 앞으로 에너지나 자원 부문에 대한 대규모 투자사업이 활성화되면 농업 분야 진출도 따라서 활성화될 전망이다.

표(2-7) 한국 농기업의 진출현황

진출기업명	취급분야	진출형태	진출연도	종업원현황 한국인:현지인	자본금 (천달러)
쓰리세븐푸드(주) Three Seven Food & Products. Inc.	농수산물 관련 제조	생산법인	2001	1:13	10
판 아일랜드 Pan Island Inc.	비료, 사료, 동물약품	판매법인	1995	1:16	150
아라마(주) Arama Corp.	사료	생산법인	1979	1:32	500
미도라 산업(주) Midora Industrial Co, Ltd	식품원자재 및 사료원료	판매법인	2000	1:6	400
그린맥(주) Greenmac Overseas Enterprise Corp.	쌀 도정기계류	판매법인	1997	2:16	600
씨제이 필리핀 CJ Phil Inc	사료	생산법인	1997	2:210	4.200
선진 필리핀 Sunjin Philippines Corporation	사료	생산/판매법인	1997	2:100	7.000
신엘모(주) Sinelmo Corporation	농업개발	생산법인	2009	2:5	300

자료: 마닐라 무역관

최근에 주필리핀 한국대사관에서는 필리핀의 농업성장잠재력과 비화석에너지의 잠재력에 주목하여 산업복합단지(Multi-Industry Clusters)조성사업을 구상·추진하고 있는데 이 중에서 중요한 부분이 농수산업이다.

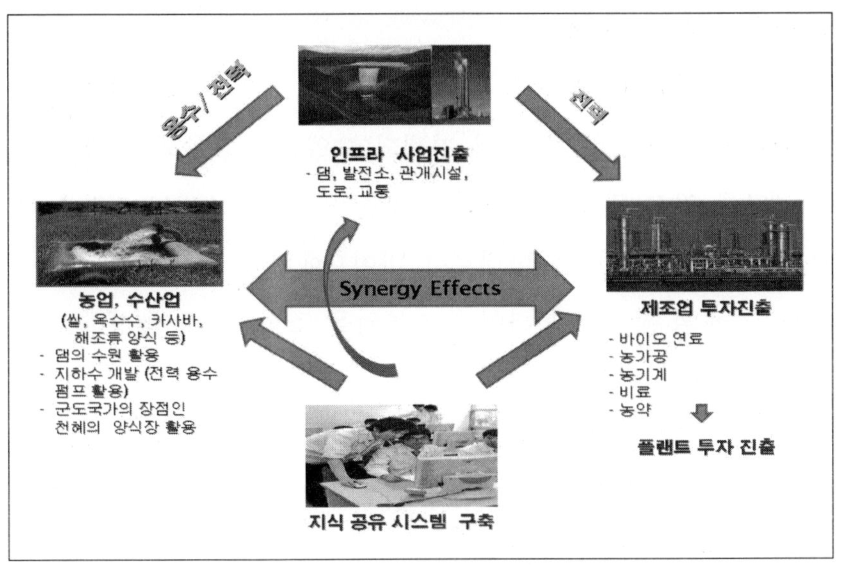

복합산업단지는 농·수산업을 중심으로, 관련 제조업(바이오에너지, 농가공·농기계·비료·농약), 녹색에너지 사업(수력, 풍력, 바이오매스)과 친환경레저산업까지 포괄하는 유기적인 협력산업단지를 조성하는 개념이다.

복합산업단지조성의 기대효과로는 첫째, 농업투자 진출을 통한 곡물 및 원자재산업의 국제경쟁력을 강화한다는 것이다. 즉, 식량부족난을 겪는 필리핀과 곡물자급도가 낮은 한국(25%)이 협력을 통한 생산성 증대를 통해 이익을 공유하자는 것이다.

둘째, 2012년 이후 기후변화에 대비하여 청정개발산업(CDM산업)을 육성한다는 것이다. 즉, 수력, 풍력, 바이오매스 발전 등 녹색에너지 분야 투자(관련설비 포함) 진출을 통하여 탄소감축의무

실행에 기여한다는 것이다.

셋째, 바이오에너지산업 투자·진출을 통하여 국제경쟁력을 강화한다는 것이다. 즉, 최근에 진행되고 있는 보홀주와 한국 기업 간 해조류 양식 및 바이오에탄올 추출 업무협력 MOU 체결은 복합산업단지(MIC)의 한 형태로서 바이오에탄올 생산과 폐기물의 유기비료로의 활용을 통하여 유기농업을 조직적으로 육성하는 방향으로 발전할 전망이라는 것이다.

복합단지조성사업은 관련 제조업 분야 투자 진출과 관련한 플랜트 동반수출 등을 통하여 한국 제조업 분야의 국제경쟁력 강화에도 기여할 수 있을 것으로 기대된다.

복합산업단지 조성을 위하여 그동안의 추진경과를 요약하면, 2009년 5월 30일 한·필 정상회담 시 '복합산업단지 조성 관련 타당성조사에 관한 양해각서'에 서명한 것을 기초로 하여 2009년 하반기부터 2010년 상반기 안에 최적 후보지 선정을 위한 양국 정부 공동 타당성 조사를 실시하고 2010년 하반기에 최적후보지에 약 10만ha 규모로 제1차 시범 MIC단지를 조성할 계획이다.

복합산업단지 추진계획이 구체화되면 한국 농기업의 필리핀 진출이 보다 활성화될 전망이다. 쌀·옥수수 등 식량작물과 카사바 등 사료작물 및 가공·유통산업의 진출이 현지대사관의 조직적인 지원으로 활발하게 추진되기를 기대한다.

03

필리핀의 농업자원과
농업생산 개황

제3장

필리핀의 농업자원과 농업생산 개황

1. 농업인력, 농지 및 주요농자재 개황

2008년 현재 필리핀의 인구 9,045만 명 중에서 경제활동노동력은 3,681만 명이고 경제활동인구 중에서 농업부문에 고용된 인구는 32.7%에 해당하는 1,203만 명이다. 실업인구는 2008년 현재 272만 명으로 실업률은 7.4% 수준이다.

표(3-1) 필리핀의 인구와 농업부문 노동력(2005~2007)

항 목	2005	2006	2007	2007
합 계(백 만 명)	85.26	86.97	88.57	90.45
남 자	42.89	43.74	–	45.48
여 자	42.37	43.23	–	44.97
노동력(백 만 명)	34.94	35.47	36.21	36.81
총 취업자 수	32.19	32.64	33.56	34.09
농업부문취업자	11.57	11.68	11.78	12.03
실업자 수	2.75	2.83	2.65	2.72

자료: Selected Statistics on Agriculture 2008. Bureau of Agricultural Statistics (BAS)

필리핀 농업은 일반적으로 소농, 중농, 대농이 혼합되어 있는 양태인데 농사는 일반적으로 다수의 소농에 의해서 영위되고 있다.(2002년 농업센서스 결과)

표(3-2) 경작규모별 농가 수와 경지면적 분포(1960~2002)

	1960	1971	1980	1991	2002
전체 농가수	2,166,216	2,354,469	3,420,323	4,610,042	4,822,739
경작규모별 농가 수 분포 (%는 전체농가에 대한 비율임)					
1.00ha 미만	11.5	13.6	22.7	36.6	40.1
1.00−2.99ha	50.8	47.5	46.1	42.7	40.9
3.00−4.99ha	18.7	23.7	17.2	11.3	10.6
5.00−9.99ha	13.4	10.4	10.5	7.1	6.3
10.00−24.99ha	5	4.3	3	2.1	1.8
25.00 Has.&over	0.5	0.6	0.4	0.3	0.2
전체 농장면적	7,772,474	8,493,735	9,725,200	9,974,871	9,670,793
경작규모별 농장면적 분포					
1.00ha 미만	1.6	1.9	3.8	7.3	8.6
1.00−2.99ha	23.1	22.2	25.9	30.5	31.0
3.00−4.99ha	18.4	23.7	21.3	18.4	18.4
5.00−9.99ha	23.7	18.3	23.1	20.5	19.8
10.00−24.99ha	18.0	16.6	14.5	13	12.3
25.00 Has.&over	15.2	17.2	11.5	10.4	9.9

자료: Philippines National Statistics Office(NSO), Census of Agriculture 2004.

　　2002년 현재 경지면적 1ha 미만 농가는 전체농가의 40%, 그리고 1~3ha 규모의 농가는 전체의 40.9%, 3~5ha 규모의 농가는 전체의 10.6%를 차지하고 있어서 전체농가의 91.5%가 5ha 미만의 소농경영체이고 10ha 이상의 대농은 2%에 불과하다.

표(3-3) 농지소유구조별 농가수와 농지면적 분포(1960~2002)

	1960	1971	1980	1991	2002
전체 농장면적	7,742,474	8,493,735	9,725,200	9,974,871	9,670,793
농지소유구조별 농지면적 분포(%는 전체 농장면적에 대한 비율임)					
Owned^a	53.2	62.9	66.8	48.7	50.6
Partly-owned^b	14.7	11.0	10.1	32.3	32.1
Tenanted	23.8	18.2	18.6	12.9	11.5
Leased	c	c	c	2.5	2.1
Other forms	8.3	7.9	4.5	6.1	3.4
전체 농가 수	2,166,216	2,354,469	3,420,323	4,610,041	4,822,739
농지소유구조별 농가수 분포(%는 전체 농가 수에 대한 비율임)					
Owned^a	44.7	58.0	58.3	43.4	47.5
Partly-owned^b	14.4	11.4	10.7	33.0	31.1
Tenanted	37.1	29.0	25.5	14.8	12.9
Leased	c	c	c	2.5	2.3
Other forms	3.8	1.7	5.5	8.8	5.9

a: CLT 소유자와 상속될 토지 등 포함
b: 완전히 소유된 농장의 일부 필지를 의미함
c: Tenanted(임차) 농장에 포함
자료: Philippines National Statistics Office(NSO), Census of Agriculture 2004.

그러나 전체농가의 40%를 차지하고 있는 1ha 미만의 영세농가가 차지하는 경작지 면적의 비중은 8.6%인 반면에 전체 농가의 2%에 불과한 10ha 이상의 대농이 차지하는 경작지 면적의 비중은 22.2%에 이른다.

10년 간격으로 시행된 센서스자료에 의하면 필리핀의 농지면적은 1960~1990년대까지는 지속적으로 증가하다가 2002년에는 다소 줄어든 967만1,000ha이다.

2002년 현재 전체 농지면적의 50.6%가 자작농이고 자·소작농은 32.1%, 소작농은 11.5%이다.

전체 농가 수는 1960년의 216만6,000가구에서 2002년에는 482만3,000가구로 지속적으로 증가해오고 있다. 자작농의 전체 농가수에 대한 비중은 47.5%, 소작농의 전체농가수에 대한 비중은 12.9%이다.

필리핀의 토지는 공유지, 사유지, 원주민 영토(Ancestral Domain), 이렇게 크게 세 가지로 분류할 수 있다.

공유지는 외국인도 임차가 가능하며 규모의 제한도 없으나 임차기한에 제한이 있다.(25년 임차 가능하며, 추가로 25년 연장 가능) 사유지는 외국인의 경우 최장 75년 임차가 가능하다. 원주민 영토는 원래 공유지였으나 소정의 인가절차를 거쳐 해당 지역 원주민들이 소유권을 행사하는 사실상 사유지 성격으로 원주민보호청이 관리권한을 가지고 있다.

외국법인은 공유지, 사유지 모두 임차가 가능하지만, 임차기한은 공유지는 50년, 사유지는 75년이다. 토지개혁법상 공유지의 경우 외국법인은 임차 규모에 제한이 없으나 오히려 국내법인은 규모를 제한하고 있다.(1,000ha)

필리핀에서 농업개발목적으로 농지를 취득하기 위해서는 사유지의 매입, 또는 공유지와 사유지의 임차(원주민 영토 포함) 등의 방법을 사용할 수 있다.

임차료는 토지의 조건이나 농업투자의 성격과 방법 등에 따라 매우 다양하므로 농장 확보 시에 인근지의 임차료와 비교하여 적절한 수준으로 협상하는 것이 필요하며, 임대료는 ha당 500~1,500달러 수준의 범위이다. 그러나 원주민 영토는 농지개발비용이 뒤따르게 되므로 경작이익배분 등의 방법으로 임대료 지불방식에 대한 별도의 협상이 필요하다.

대부분의 농지는 수시로 내리는 열대성소나기(스콜)에 농업용수를 주로 의존하여 영농되고 있으며, 저습지는 배수시설이, 고지대농지는 관개시설이 필요한 실정이다. 관개시설이 갖추어져서 수리·관개서비스가 되는 농지면적은 2007년 현재 143만ha로서 잠재적 관개대상면적의 45% 수준에 불과하다.

표(3-4) 관개서비스지역과 잠재적 관개필요지역(2005~2007)

구 분	2005	2006	2007
관개서비스 지역(백만ha)	1.41	1.43	1.43
관개필요지역에 대한 비중(%)	45.20	45.67	45.89

자료: BAS, Selected statistics on Agriculture 2008.

표(3-5) 필리핀의 비료(전규격) 공급량과 수입량(2005~2006)

단위: 천톤, %

구 분	2005	2006
총 공급량(A)	2,492.2	1,660.8
생 산 량(B)	877.1	325.3
비 중(B/A)	35.2	19.6
수 입 량(C)	1,615.1	1,335.5
비 중(C/A)	64.8	80.4

자료: BAS, Selected statistics on Agriculture 2008.

필리핀은 전체 비료 공급량의 2/3 이상을 해외 수입에 의존하고 있는 비료 수입국으로 대부분의 농가는 충분한 비료를 투입하지 못하기 때문에 작물의 생산성이 낮은 상태이다.

ha당 평균 비료 사용량은 230kg 내외(50kg 4.6포)이고, 필리핀 농가의 입장에서는 상당히 고가이므로 비료 사용이 거의 불가능하여 농작물의 단위면적당 수확량이 낮은 편이다.

필리핀의 농촌 임금은 2007년 현재 1일 평균 171.8페소로 타 산업 임금 수준(1일 362페소, 2009 Selected labor and wages indicators, Investor Relations Office(IRO))의 1/2 수준에 불과하며 연평균 증가율은 4.6%이다.

농촌 임금은 지역에 따라서 상당한 격차가 발생하는데 중부 루손지역은 237.1(PHP)인 데 반하여 중부 비사야지역은 절반 수준인 148.5(PHP), 북부 민다나오지역은 165.2(PHP) 수준으로 형성되고 있다.

표(3-6) 필리핀의 지역별 농업 임금

단위: PHP/day, %

	2003	2004	2005	2006	2007	연평균 증가율
Philippines	143.7	149.9	165.3	158.6	171.8	4.6
CAR	154.3	158.4	169.2	168.2	173.5	3.0
Ilocos	171.3	175.5	189.1	183.8	206.8	4.8
Cagayan Valley	142.1	150.0	169.4	159.8	182.2	6.4
Central Luzon	196.2	200.2	221.6	217.6	237.1	4.8
Southern Tagalog	–	–	–	–	–	–
CALABARZON	186.0	193.9	204.7	200.8	232.0	5.7
MIMAROPA	150.9	153.2	175.8	164.2	184.9	5.2
Bicol	132.5	134.3	148.1	143.5	156.1	4.2
Western Visayas	135.9	141.0	157.3	150.0	165.5	5.0
Central Visayas	114.2	121.3	136.6	128.6	148.5	6.8
Eastern Visayas	124.3	131.0	141.8	137.9	161.2	6.7
Western Mindanao	–	–	–	–	–	–
Zamboanga Peninsula	129.1	133.4	150.6	143.9	156.7	5.0
Northen Mindanao	129.5	140.6	156.2	152.2	165.2	6.3
Southern Mindanao	–	–	–	–	–	–
Davao Region	127.1	133.4	150.9	142.7	154.9	5.1
Central Mindanao	–	–	–	–	–	–
SOCCSKSARGEN	138.0	143.0	153.7	149.9	159.3	3.7
ARMM	147.2	157.5	167.6	165.1	169.2	3.5
CARAGA	155.0	160.5	174.1	169.2	187.4	4.9

자료: BAS, CountrySTAT Philippines

필리핀의 농업기계화는 스페인 통치시대부터 시작되었다고 볼 수 있다. 2차 세계대전 이후에는 미국, 영국, 일본 및 서독으로부터 4륜구동 트랙터를 도입하여 사탕수수 농가에 주로 사용되었다. 1960년대에 트랙터가 약 8,500대 보급되었는데, 이 중 50%는 사탕수수 재배농가가 이용하였고, 35%는 벼 재배농가에서, 15%는 일반 용도로 이용되었다. 1960년대에 처음 도입된 동력경운기는 벼농사용 기계로 주로 사용되는데, 정부의 재정지원정책에 힘입어 동력경운기는 보급대수가 점차 늘어나게 되었다. 1971년에서 1975년까지 토지개혁프로그램의 영향을 받아 국내에서 저가로 생산된 동력경운기 구입자금의 지원 등으로 인하여 소형 농기계의 판매가 증가하였다.

현재 필리핀의 농업기계화 수준을 3가지의 동력원을 기준으로 살펴보면 표(3-7)에서 보이는 것과 같이 대부분의 농작업을 주로 인력에 의존하고 있다. 벼와 옥수수농사를 위한 농작업 과정에서 경운, 정지는 축력 의존율이 64.7%로 가장 높았으며 탈곡/박피작업과 도정작업은 기계동력 의존율이 가장 높았다. 그러나 이앙, 잡초방제, 비료살포와 병해충 방제, 수확, 건조작업은 인력 의존율이 절대적임을 알 수 있다.

표(3-7) 벼 및 옥수수 농사의 동력원 비율

단위: %

작업명	인력	축력	기계동력
경운정지	3.2	64.7	23.2
이앙	98.6	1.2	0.2
잡초방제	85.2	14.8	0.0
비료살포	98.5	1.5	0.0
방제	100.0	0.0	0.0
수확	98.8	0.0	0.0
탈곡/박피	31.0	0.0	69.0
건조	100.0	0.0	0.0
도정	0.0	0.0	100.0
평 균	56.5	19.3	21.7

주: 기계화 미흡: 인력 33% 초과, 기계화 보통: 축력 이용 비율 34~100%,
　　기계화수준 높음: 기계동력 이용비율 67~100%
자료: BAS, CountrySTAT Philippines

경지면적당 동력이용비율은 1.68HP/ha이다. 이 수치는 1980년대의 0.36HP/ha보다 크게 증가하였으나 한국의 10.6HP/ha에 비해 크게 낮은 수치이며, 중국 등 아시아의 다른 국가에 비해서도 낮은 기계화 수준이라고 볼 수 있다.

경운정지작업의 경우 소규모 농가에서는 여전히 축력이 많이 이용되고 있으나 점차 경지기반 정비와 기계화 추세에 따라 기계를 이용할 가능성이 높은 분야라고 판단된다.

이앙기, 콤바인, 트랙터, 건조기 등은 고가의 장비로 일부 바란가이(Barangay)에서 즉, 마을 단위로 공동으로 이용하고 있으나

대부분 지역에서는 인력에 의존하고 있는 실정이다. 축산기계화에
서 돼지, 소의 사양의 경우 경영규모에 따라 차이가 있고, 대규모
양계장·목장에는 기계화가 상당히 추진되고 있고, 중·소규모 축
산은 주로 인력에 의존하고 있다. 특히 대규모 양계시설의 경우
사료공급, 집란, 선란 등 자동화시설을 갖추고 있다.

2. 경제구조와 농업생산 개황

최근 3년간 필리핀 국내 총생산액은 연평균 11.5% 수준의 지
속적인 성장추세를 보여 왔으며 특히 2007~2008년 동안의 성장
률이 높았다.

농림수산임업부문의 연평균 성장률은 13.8%로 대단히 높았으
나 2차 산업 성장률은 연평균 11.3%, 3차 산업 성장률은 10.9%
등으로 1차 산업보다 상대적으로 낮았다.

국내총생산 중에서 차지하는 각 산업분야의 비중, 즉 산업구조는
1차 산업이 14% 범위, 2차 산업이 32% 범위, 3차 산업이 54%
범위로 구성되어 있다.

표(3-8) 필리핀 경제구조의 동향(2006~2008)

단위: 백만PHP(경상가격)

구 분	2006	구성비	2007	구성비	2008	구성비	성장률(%)		
							'05~'06	'06~'07	'07~'08
국내총생산(GDP)	6,032,834	100.0	6,648,245	100.0	7,497,535	100.0	11.8	10.0	17.0
농림수산임업	852,799	14.1	936,416	14.0	1,103,519	14.7	–	9.8	17.8
– 농업·수산	847,977		932,282		1,099,152				
– 임업	4,821		4,132		4,358				
제조업 광업 건설	1,913,031	31.7	2,107,288	31.7	2,371,165	31.6	–	10.2	12.5
– 광업	75,556		108,173		108,984				
– 제조업	1,381,172		1,463,752		1,671,355				
– 건설	240,240		304,592		352,822				
– 전기,가스,수도	216,062		230,770		238,004				
서비스	3,267,005	54.2	3,604,543	54.2	4,022,850	53.7	–	10.3	11.6

자료: National Accounts Fourth Quarter 2008, National Statistical and Coordination Board(NSCB)

  최근 3년간 농업부문 비중은 약간 증가한 대신에 3차산업부문은 약간 감소하는 경향을 보이고 있다.

  농림어업부문의 부가가치 성장률은 1980년대부터 2000년대까지 1%대의 낮은 성장률을 보이다가 최근 들어서(2006년 이후) 1960~1980년대의 성장률 수준(3~5%)을 회복하고 있다.

단위: %

구 분	연평균성장률					성장률			
	1960~1970	1970~1980	1980~1990	1990~2000	2000~2005	2005	2006	2007	2008
전체 농림어업	4.2	3.9	1.0	1.6	3.3	0.89	3.04	5.02	3.23
작물	3.9	6.8	0.6	1.2	1.9	0.67	3.91	5.83	2.91
축산	3.2	3.0	4.7	4.9	3.1	–	–	–	–
가축	–	–	–	–	–	2.37	2.36	2.42	1.06
가금	–	–	–	–	–	0.09	0.37	0.21	4.71
어업	6.9	4.5	2.4	1.5	6.9	5.94	5.88	6.86	5.48
임업	5.1	−4.4	−7.0	−15.7	−5.3	–	–	–	–
농업서비스업	–	–	–	–	–	1.45	3.64	4.74	2.93

자료: 1960~2005: National Statistics and Coordination board
2005~2007: BAS, Selected Statistics on Agriculture, 2008

그림(3-1) 농업 실질 총부가가치 변화 추이(1970~2008)

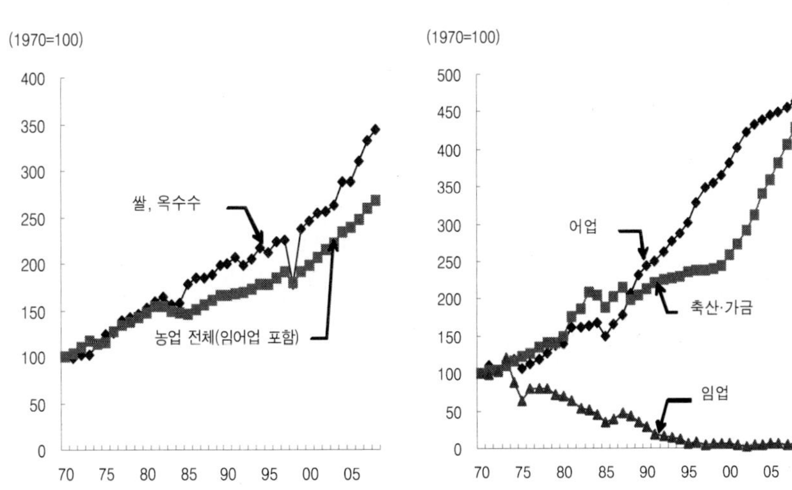

자료: BAS, CountrySTAT Philippines

작물부문은 1980년부터 2005년까지 1%대의 낮은 성장률을 보였으나 2006년 이후 4~6%대의 높은 성장률을 보이고 있다. 축산부문은 3~5%대의 지속적인 성장 추세를 견지하고 있으나 2005년 이후 성장 추세가 다소 둔화되었다. 임업부문은 1970년대 이후 높은 위축 추세를 견지하고 있다.

임업부문의 농림수산임업분야 전체에서 차지하는 비중은 1970년대의 25% 수준에서 2005년에는 0.5% 내외로 감소하였으며 국토의 65%를 차지하는 넓은 산지면적을 감안할 때 대단히 미미한 수준인 것이다. 이러한 원인은 과거 열대삼림벌채 후 보식 등 별도의 관리가 없이 화전(火田)경작 등으로 이용되거나 잡목 상태로 방치되었기 때문이다.

그림(3-2) 작물부문 농업 총 부가가치 성장률(1970~2005)

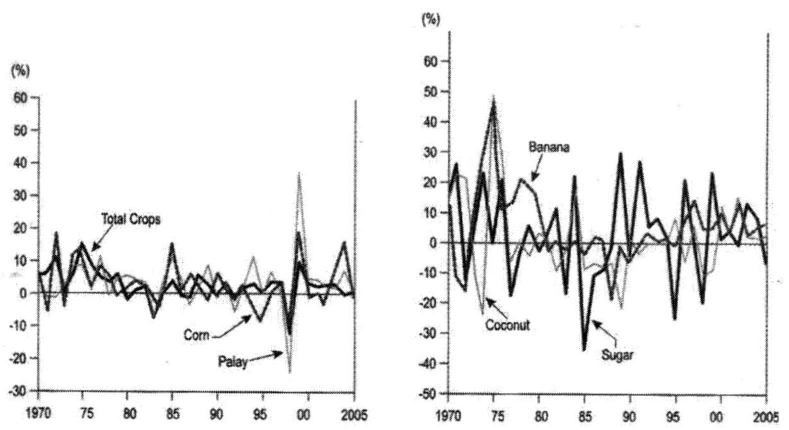

자료: V.Ravago Majah-Leah, Philippines(SEARCA:Southeast Asian Regional Center for Graduate Studyand Research in Agriculture, 2007)

필리핀의 농업생산액은 작물부문, 축산부문, 가금부문, 어업부문으로 나뉘어 파악된다.

농작물부문은 전체 농업생산액 중 51~54% 범위를 차지하고 있으며, 그 다음이 가축, 가금 부문이고 어업부문은 18.5%의 비중을 차지하고 있다.

그림(3-3) 작물부문 총부가가치(GVA) 비중(1970~2008)

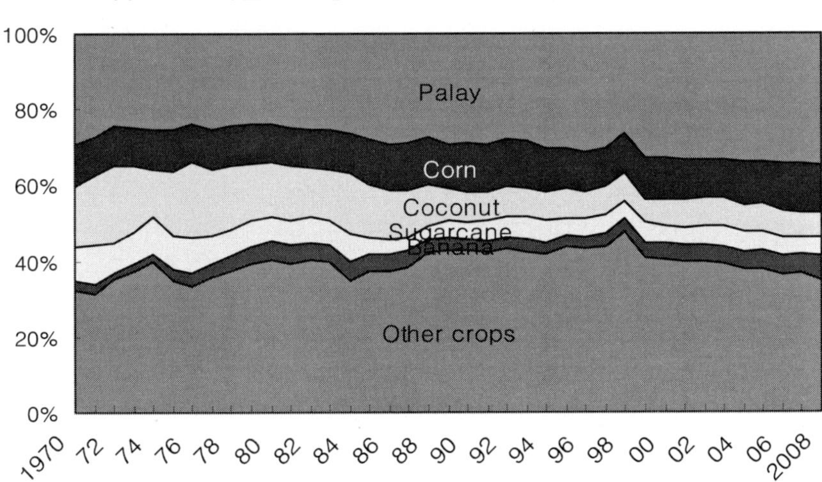

자료: BAS, CountrySTAT Philippines

농작물부문에서 쌀은 35~37%의 비중을 차지하는 가장 중요한 작물이고 그 다음이 옥수수이고, 코코넛과 사탕수수가 12~13% 내외의 비슷한 비중을 차지하고 있다.

열대과일 중에서 코코넛과 바나나는 생산액 면에서 옥수수와 비슷한 비중을 차지하고 있는 중요한 소득원이다. 망고는 생산액

면에서 바나나의 30%, 그리고 파인애플은 20% 정도의 비중을 차지하고 있다.

가축부문은 최근 3년간 견실한 성장세를 보이고 있는데 돼지, 물소의 생산액 증가율이 가장 높으며 젖소의 성장률이 비교적 낮은 편이다.

가금부문은 닭고기와 달걀이 성장을 주도하고 있으며 오리부문의 생산액 성장률은 상대적으로 낮다.

어업부문도 최근에 높은 성장률을 보이고 있는데 상업용 어업과 양식어업이 성장을 이끌고 있다.

표(3-10) 필리핀 농업생산액 추이(2006~2008, 경상가격)

단위: 백만PHP,%

종 목	2006	2007	2008	성장률 '06~'07	성장률 '07~'08
농작물부문	456,748.55 (51.6)	512,274.96 (52.6)	634,945.84 (54.6)	12.16	23.95
쌀	159,244.52	182,052.64	236,258.48	14.32	29.77
옥수수	54,434.88	65,887.37	75,713.64	21.04	14.91
코코넛	50,258.58	59,708.79	80,145.96	18.80	34.23
사탕수수	33,109.35	28,905.88	34,627.85	−12.70	19.80
신선 바나나	47,969.59	58,300.98	75,309.01	21.54	29.17
파인애플	7,867.47	9,860.49	11,024.61	25.33	11.81
커피	4,953.64	5,495.96	6,205.32	10.95	12.91
망고	17,711.45	17,385.82	19,863.70	−7.08	14.25
담배	1,840.51	1,944.59	2,574.40	5.65	32.39
아바카	2,430.09	2,266.93	2,982.30	−6.71	31.56
땅콩	682.11	766.27	769.86	12.34	0.47
녹두	790.44	928.21	991.97	17.43	6.87
카사바	9,135.67	8,850.44	10,678.69	−3.12	20.66
카모테	4,488.90	4,779.25	5,337.19	6.47	11.67
토마토	2,145.71	2,140.43	2,574.90	−0.25	20.30
마늘	1,032.63	776.86	601.32	−24.77	−22.60
양파	2,105.41	2,223.64	5,318.36	5.62	139.17
배추	1,081.19	1,439.43	1,349.16	33.13	−6.27
가지	2,798.05	2,353.79	3,476.68	−15.88	47.71
칼라만시	2,087.79	1,758.13	1,898.86	−15.79	8.00

종 목	2006	2007	2008	성장률	
				'06~'07	'07~'08
고무	12,297357	17,261.87	16,034.67	40.37	−7.11
기타	37,283.01	37,187.18	41,208.89	−0.26	10.81
가축부문	155,372.76 (17.5)	163,074.72 (16.7)	180,976.78 (15.6)	4.96	10.98
물소	6,781.32	7,243.81	8,100.83	6.82	11.83
소	15,887.84	15,668.95	17,068.85	−1.38	8.93
돼지	127,115.97	134,415.93	149,591.20	5.74	11.29
양	5,220.94	5,354.67	5,803.94	2.56	8.39
우유	366.69	391.35	411.95	6.73	5.26
가금부문	110,17426 (12.4)	118,247.79 (12.1)	130,911.44 (11.3)	7.33	10.71
닭	81,739.29	87,406.27	97,651.68	6.93	11.72
오리	2,627.41	2,502.59	2,642.53	−4.75	5.59
달걀	22,951.85	25,414.74	27,812.55	10.73	9.43
오리알	2,855.71	2,924.19	2,804.67	2.40	−4.09
어업부문	163,374.38 (18.5)	180,545.13 (18.5)	215,511.10 (18.5)	10.51	19.37
상업	48,555.92	54,737.47	630,25.69	12.73	15.14
시영(市營)	59,146.57	64,210.39	70,967.02	8.56	10.52
양식	55,671.89	61,597.27	81,518.39	10.64	32.34
합 계	855,669.96 (100.0)	974,142.59 (100.0)	1,162,345.15 (100.0)	9.99	19.32

* ( )은 구성비임
자료: Performance of Philippine Agriculture January−December 2008, Bureau of Agricultural Statistics(BAS)

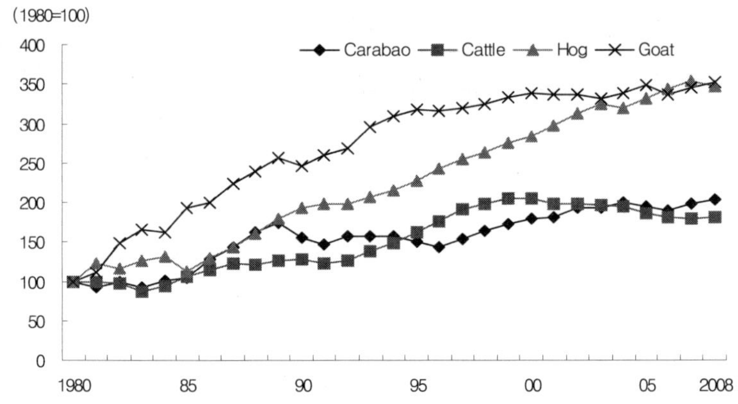

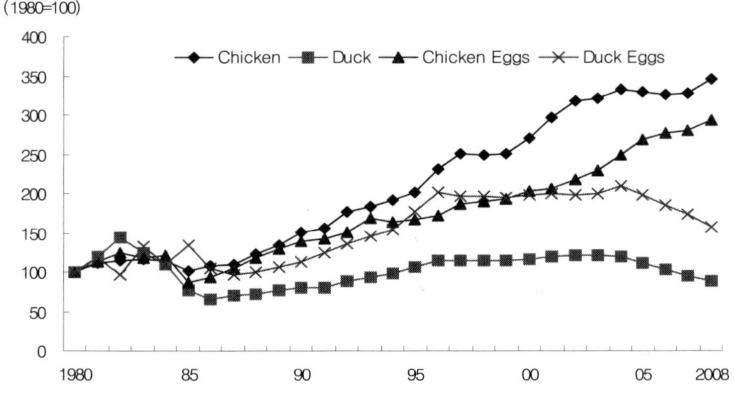

자료: BAS, CountrySTAT Philippines

　필리핀 농산물 생산량은 최근 3년간(2005~2008년) 연평균 5.14%씩 증가하고 있다. 파인애플, 바나나 등 열대과일과 양배추의 생산량 증가 속도가 가장 높았으며, 옥수수와 쌀도 지속적으로 2~5%씩 생산량이 증가하였다. 그러나 커피, 마늘, 양파 등은 감소해왔다.

표(3-11) 필리핀 주요 농작물 생산량 추이(2005~2008)

단위: 천톤, %

항목	2005	2006	2007	2008	성장률 '05~'08
합계	73,725.9	77,401.1	78,214.0	85,097.7	5.14
쌀	14,603.0	15,326.7	16,240.2	16,815.5	2.34
옥수수	5,253.2	6,082.1	6,736.9	6,928.2	4.83
코코넛	14,824.6	14,957.9	14,852.9	15,319.5	1.06
사탕수수	22,917.7	24,345.1	22,235.3	26,601.4	0.54
바나나	2,698.2	6,794.6	7,484.1	8,687.6	35.68
파인애플	1,788.2	1,833.9	2,016.5	2,209.3	52.27
커피	105.8	104.1	97.9	97.4	−1.87
망고	984.3	919.0	1,023.9	884.0	0.81
담배	45.1	38.4	34.3	32.5	2.85
아바카	74.0	69.8	66.4	68.4	2.11
땅콩	28.4	29.2	31.2	30.2	−0.48
녹두	26.8	26.0	29.1	29.6	0.66
카사바	1,677.6	1,756.9	1,871.1	1,941.6	1.64
카모테	574.6	566.8	573.7	572.7	−0.05
토마토	173.7	175.6	188.8	195.8	−0.04
마늘	13.2	12.6	11.3	11.3	−1.83
양파	82.0	76.0	146.1	128.9	−8.23
양배추	91.4	91.2	123.4	128.9	23.47
에그플랜트	187.8	191.9	210.2	199.6	2.58
칼라만시	200.8	196.6	201.6	199.7	−0.03
고무	315.6	351.6	404.1	411.0	−0.17
기타	3,459.7	3455.3.	3,635.1	3,604.5	1.27

자료: BAS, Selected statistics on Agriculture 2008, 2009.

표(3-12) 필리핀 주요 농작물 재배면적 추이(2005~2008)

단위: 천ha, %

항목	2005	2006	2007	2008	성장률 '05~'08
합계	12,034.2	12,389.9	12,641.0	12,894.5	1.36
쌀	4,070.4	4,159.9	4,272.9	4,460.0	0.29
옥수수	2,441.8	2,570.7	2,648.3	2,661.0	0.25
코코넛	3,243.3	3,337.4	3,359.8	3,379.7	0.04
사탕수수	368.9	392.3	383.0	398.0	0.02
바나나	417.8	428.8	436.8	438.6	0.03
파인애플	49.2	49.8	54.0	58.3	0.42
커피	128.0	126.1	124.0	123.3	−0.68
망고	164.1	171.7	184.2	186.8	−0.51
담배	29.6	26.3	23.9	22.2	−3.46
아바카	136.0	135.9	136.1	137.5	−0.28
땅콩	27.5	27.6	28.3	27.7	0.01
녹두	36.1	35.7	39.0	39.9	0.08
카사바	204.8	204.6	209.6	211.7	0.35
카모테	120.6	118.8	117.6	116.5	−0.11
토마토	17.7	17.1	17.5	17.6	0.02
마늘	4.7	4.4	3.9	3.8	0.11
양파	8.9	8.4	15.9	14.6	−12.26
양배추	7.4	7.3	8.5	8.6	10.39
에그플랜트	21.2	20.9	21.6	21.3	0.08
칼라만시	20.2	20.3	20.5	21.0	0.02
고무	81.9	94.3	111.0	123.3	2.00
기타	434.1	431.4	424.8	423.2	−1.27

자료: BAS, Selected statistics on Agriculture 2008, 2009.

최근 3년간 농작물 재배면적은 전체적으로 연평균 1.36%씩 증
가해왔다. 쌀, 옥수수, 코코넛, 사탕수수, 바나나 등 재배면적이 넓

은 주요 작물들은 대체적으로 현상유지 내지 소폭적인 재배면적의 증가 추세를 보였으나 양파, 담배, 커피, 망고 등은 재배면적이 감소하는 추세를 보이고 있다.

3. 농축산물 교역과 유통 개황

1) 농축산물 수출입 개황

필리핀은 농업국가임에도 불구하고 농축산물의 순수입국으로 2007년 현재 농산물 수입액은 49억1,829만달러로서 전체 수입액의 8.5%를 차지한다. 농산물 수출액은 31억6,807만달러로서 국가 전체 수출액의 6.3%에 해당한다.

표(3-13) 필리핀의 농업부문 수출입 현황(2005~2007)

수출가격: F.O.B.(백만US$), 수입가격: C.I.F.(백만US$)

구 분	2007(추정치)	2006	2005	연평균증감률(%)	
				2007/2006	2006/2005
농산물수출금액	3,168.07	2,781.36	2,691,19	13.90	3.35
총수출금액	50,465.72	47,410.12	41,254.68	6.45	14.92
총수출 대비 농산물수출금액 비중(%)	6.30	5.87	6.52	7.33	−9.97
농산물수입금액	4,918.29	4,303.57	3,975.62	14.28	8.25
총수입금액	57,995.75	54,077.99	49,487.42	7.24	−.28
총수출 대비 농산물수출금액 비중(%)	8.48	7.96	8.03	6.54	−0.87
농산물무역 흑자/적자	−1,750.22	−1,522.21	−1,284.43	14.98	18.51

자료: BAS, Selected statistics on Agriculture 2008

이에 따라 농산물무역수지 적자가 2007년 현재 17억5,022만달
러에 이르고 있다.

2007년 현재 주요 수입농축산물 품목은 금액 기준으로 쌀, 우
유와 유제품, 밀, 대두유와 콩가루, 엽연초 순이다.

쌀의 주요 수입국은 베트남(76.3%), 태국(23.4%) 등의 순이며,
우유와 유제품의 수입국은 뉴질랜드(43.5%), 미국(18.1%), 호주
(13.3%) 등의 순이다.

밀의 주요 수입국은 미국(71.9%), 캐나다(17.9%), 중국(9.5%)
등의 순이며, 대두유와 콩가루의 주요 수입국은 아르헨티나(66.4%),
미국(25.7%), 인도(7.4%) 등의 순이다.

엽연초의 주요 수입국은 브라질(28.1%), 인도(14.9%), 스위스
(10.5%) 등의 순이다.

표(3-14) 필리핀의 품목별 농산물 수입국, 2007

단위: 천톤, 백만US$(C.I.F.)

구 분	수량	금액	비중(%)	
			수량	금액
쌀	1,850.86	653.51	100.0	100.00
베트남	1,377.67	495.06	76.29	75.75
태국	403.94	149.89	22.37	22.94
파키스탄	17.71	6.07	0.98	0.93
인도	0.64	1.06	0.04	0.16
말레이시아	4.14	0.98	0.23	0.15

구 분	수량	금액	비중(%)	
			수량	금액
Others	1.76	0.45	0.10	0.07
우유 및 유제품	**263.80**	**588.02**	**100.00**	**100.00**
뉴질랜드	95.13	255.60	36.06	43.47
미국	41.82	106.58	15.85	18.13
호주	32.99	78.03	12.51	13.27
태국	26.86	29.60	10.18	5.03
네덜란드	6.73	18.98	2.55	3.23
Others	60.27	99.23	22.85	16.88
밀(사료용, 미도정 포함)	**1,795.87**	**436.86**	**100.00**	**100.00**
미국	1,216.36	314.01	67.73	71.88
캐나다	361.88	77.97	20.15	17.85
중국	203.58	41.29	11.34	9.45
호주	9.03	2.31	0.50	0.53
파키스탄	4.63	1.11	0.26	0.25
Others	0.39	0.17	0.02	0.04
대두유/콩가루	**1,323.48**	**390.30**	**100.00**	**100.00**
아르헨티나	912.01	259.09	68.91	66.38
미국	304.55	100.44	23.01	25.73
인도	96.93	28.76	7.32	7.37
타이완	1.72	0.75	0.13	0.19
중국	1.27	0.42	0.10	0.11
Others	7.00	0.84	0.53	0.22
엽연초(미가공)	**58.81**	**181.34**	**100.00**	**100.00**
브라질	15.62	50.89	26.56	28.06

구 분	수량	금액	비중(%)	
			수량	금액
인도	9.75	27.04	16.58	14.91
스위스	3.71	19.06	6.31	10.51
중국	5.96	15.49	10.13	8.54
아르헨티나	3.34	11.88	5.68	6.55
Others	20.43	56.98	34.74	31.42

자료: BAS, Selected statistics on Agriculture 2008

금액 기준으로 수출액이 가장 많은 나라는 미국(7억8,794만달러)이며, EU(6억1,981만달러), ASEAN(5억343만달러), 일본(4억4,440만달러)의 순이다.

수입액이 가장 많은 ASEAN이 14억1,882만달러이며, 미국(8억3,313만달러), EU(4억4,728만달러)의 순이다.

그림(3-5) 총 수출입금액 대비 농산물수출입 비중

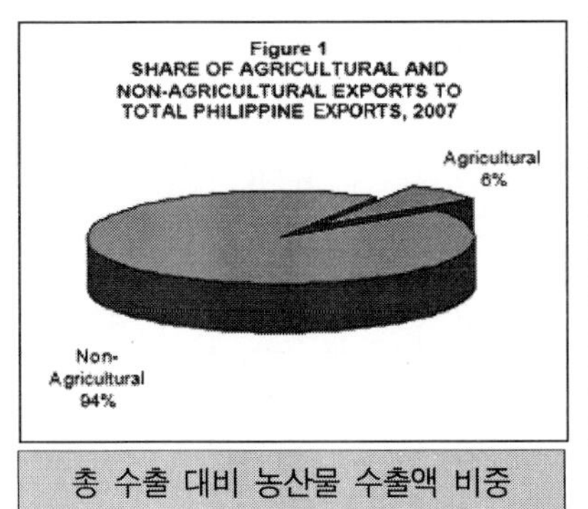

총 수출 대비 농산물 수출액 비중

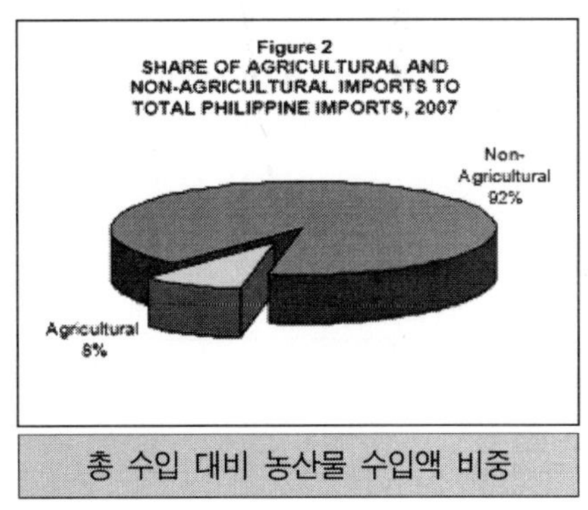

총 수입 대비 농산물 수입액 비중

자료: BAS, Selected statistics on Agriculture 2008

2007년 현재 필리핀의 주요 수출 농수산물 품목은 금액 기준으로 코코넛기름, 바나나, 파인애플, 참치, 건코코넛의 순이다. 코코넛기름의 주요 수출국은 미국과 네덜란드이며 전체 수출량 중에서 이 두 나라가 41.7%, 36.8%의 비중을 차지한다.

신선바나나의 주요 수출국은 일본(44.4%), 이란(18.7%), 한국(13.4%)순이며, 파인애플의 주요 수출국은 미국(46.8%), 일본(17.3%), 한국(8.4%)순이다.

표(3-15) 필리핀의 주요 농산물 수출시장, 2007

단위: 천톤, 백만US$(F.O.B.)

구 분	수량	금액	비중(%)	
			수량	금액
코코넛오일	888.85	733.81	100.0	100.00
미국	376.95	306.07	42.41	41.71
네덜란드	321.32	269.96	36.15	36.79
일본	66.25	50.37	7.45	6.86
말레이시아	38.98	31.32	4.39	4.27
한국	29.53	24.16	3.32	3.29
Others	55.83	51.92	6.28	7.08
신선 바나나	2,199.32	396.28	100.0	100.00
일본(오키나와 제외)	914.22	175.92	41.57	44.39
이란	428.74	74.03	19.49	18.68
한국	275.61	53.10	12.53	13.40
타이완	167.16	26.17	7.60	6.60

구 분	수량	금액	비중(%)	
			수량	금액
아랍에미리트	140.28	22.32	6.38	5.63
Others	273.31	44.74	12.43	11.29
파인애플	**589.20**	**247.80**	**100.00**	**100.00**
미국	199.81	115.99	33.91	46.81
일본	180.50	42.74	30.63	17.25
한국	78.21	20.90	13.27	8.43
네덜란드	18.95	14.73	3.22	5.95
오스트레일리아	14.30	8.28	2.43	3.34
Others	97.43	45.16	16.54	18.22
참치	**73.94**	**210.95**	**100.00**	**100.00**
미국	18.13	69.17	24.53	32.79
독일	12.49	31.69	16.90	15.02
일본	7.50	11.79	10.15	5.59
태국	1.73	11.23	2.35	5.33
싱가포르	4.49	76.50	6.08	5.01
Others	29.58	10.57	40.00	36.26
건코코넛	**131.96**	**157.43**	**100.00**	**100.00**
미국	34.34	44.55	26.02	28.30
영국	17.49	19.45	13.26	12.35
캐나다	8.29	10.24	6.28	6.51
벨기에	8.80	10.17	6.67	6.46
네덜란드	7.91	9.73	5.99	6.18
Others	55.12	63.29	41.77	40.20

자료: BAS, Selected statistics on Agriculture 2008

표(3-16) 주요 거래국의 농업부문 무역수지(2006~2007)

수출가격: F.O.B.(백만US$), 수입가격: C.I.F.(백만US$)

교역국가	2007			2006			성장률 (%)
	거래액	전체 농업부문 비중	전체 무역량의 비중*)	거래액	전체 농업부문 비중	전체 무역량의 비중	
호주							
농업부문수출	32.62	1.03	0.06	30.76	1.11	0.06	6.05
농업부문수입	189.16	3.85	0.33	205.16	4.77	0.38	(7.80)
농업부문 흑자/적자	−156.54			−174.4			(10.24)
일본							
농업부문수출	444.40	14.03	0.88	418.75	15.06	0.88	6.13
농업부문수입	109.78	2.23	0.19	95.94	2.23	0.18	14.43
농업부문 흑자/적자	334.62			322.81			3.66
미국							
농업부문수출	787.94	24.87	1.56	661.65	23.79	1.40	19.09
농업부문수입	833.13	16.94	1.44	847.14	19.68	1.57	(1.65)
농업부문 흑자/적자	−45.19			−185.49			(75.64)
ASEAN							
농업부문수출	503.43	15.89	1.00	457.35	16.44	0.96	10.08
농업부문수입	1,418.82	28.85	2.45	1,156.99	26.88	2.14	22.63
농업부문 흑자/적자	−915.39			−669.64			30.84
EU							
농업부문수출	619.81	19.56	1.23	477.62	17.17	1.01	29.77
농업부문수입	447.28	9.09	0.77	356.32	8.28	0.66	25.53
농업부문 흑자/적자	172.53			121.3			42.23
나머지 국가							
농업부문수출	779.86	24.62	1.55	735.23	26.43	1.55	6.07
농업부문수입	1,920.14	39.04	3.31	1,642.02	38.15	3.04	16.94
농업부문 흑자/적자	−1,140.28			−906.79			25.75

*) 주요 각 거래국과의 필리핀 전체 무역량 중에서 필리핀 농산물 수출입액이 차지하는 비중
자료: Agricultural Foreign Trade Development 2007, Bureau of Agricultural Statistics (BAS), 2008

농산물무역수지 흑자국은 일본(3억3,462만달러), EU(1억7,253만달러) 등이고 무역수지 적자국은 ASEAN(9억1,539만달러), 호주(1억5,654만달러), 미국(4,519만달러) 등이다.

상위 10개 수출 농수산물의 최근 동향을 물량별로 살펴보면 최근 2년 동안 수출물량이 가장 크게 증가한 품목은 참치였고 그 다음은 파인애플과 가공품, 신선바나나, 건코코넛 순이었다.

반면에 최근 2년 동안 수출물량이 감소해온 품목은 6개 품목으로 코코넛유, 새우류, 제조담배, 해초류, 신선망고, 건코코넛의 순이었다.

상위 10개 수출농수산물을 수출금액별로 살펴보면 2007년 현재 코코넛유, 신선바나나, 파인애플과 가공품, 참치, 건코코넛, 우유와 유제품 등의 순서로 많았다.

최근 2년 동안 가장 크게 수출금액이 증가한 것은 참치, 우유와 유제품, 해조류, 건코코넛, 파인애플과 가공품 등의 순서였으며, 제조담배, 신선망고, 새우류 등은 오히려 수출금액이 감소했다.

표(3-17) 수출 상위 농수산물의 물량과 금액 동향(2005~2007)

단위: 천톤, 백만달러(F.O.B.)

종 목	2005	2006	2007^p	연평균 증감률(%)
수출 상위 농산물 수출량				
코코넛유	1,152.32	1,069.48	888.85	△12.2
신선 바나나	2,024.32	2,303.93	2,199.32	4.2
파인애플, 가공품	536.72	683.65	587.82	4.7
참치	45.05	59.79	73.93	28.1
건코코넛	125.54	136.20	130.72	△2.0
우유 및 유제품	37.55	33.86	35.94	△2.2
제조담배	21.06	19.17	17.68	△8.4
해조류	30.81	29.74	26.18	△7.8
새우류	12.67	13.17	10.12	△10.6
분밀당	219.34	214.64	234.58	3.4
신선 망고	31.27	26.12	26.34	△8.2
수출 상위 농산물 수출액				
코코넛유	657.22	578.72	733.81	5.7
신선 바나나	362.58	404.16	396.28	4.5
파인애플, 가공품	204.28	221.52	247.42	10.0
참치	102.01	143.33	210.87	43.8
건코코넛	127.14	138.82	157.43	11.3
우유 및 유제품	79.94	93.12	138.76	31.7
제조담배	112.81	103.41	97.89	△6.8
해조류	71.90	71.59	91.64	12.9
새우류	93.51	98.54	84.85	△4.7
분밀당	64.84	82.33	77.49	9.3
신선 망고	26.63	23.96	23.28	△6.5

자료: BAS, Selected statistics on Agriculture 2008

국제교역량에서 필리핀의 주요 수출 농수산물이 차지하는 비중이 큰 농수산물은 2005년 현재 코코넛유가 48.3%, 건코코넛 45.3%, 파인애플과 가공품이 13.7%, 신선 바나나가 11.4% 등의 순서였다.

표(3-18) 국제시장에서 필리핀 수출 농수산물이 차지하는 비중 (2004~2005)

단위: 천톤, %

구 분	2004			2005		
	국제시장	필리핀	점유율	국제시장	필리핀	점유율
코코넛오일	2,032.53	959.40	47.2	2,385.65	1,152.32	48.3
신선 바나나	16,262.61	1,797.34	11.1	17,824.65	2,024.32	11.4
파인애플, 가공품	3,532.25	527.56	14.9	3,915.09	536.72	13.7
신선 망고	908.44	33.66	3.7	−	−	−
건코코넛	289.23	105.83	36.6	277.32	125.54	45.3

자료: BAS, Selected statistics on Agriculture 2008

수입 상위농축산물의 최근 동향을 살펴보면 수입물량은 전반적으로 감소 추세를 보이고 있는 가운데 수입액은 국제가격의 상승으로 오히려 증가하는 경향을 보이고 있다.

농축산물 중 수입물량이 가장 많은 종목은 2007년 현재 밀 187만톤, 쌀 180만톤, 대두유와 콩가루 132만톤 등의 순이었고 수입금액이 가장 많은 종목은 쌀 6억5,700만달러, 우유와 유제품 5억8,800만달러, 밀 4억2,400만달러, 대두유와 콩가루 3억9,200만달러 순이다. 필리핀은 우유와 유제품을 인근 국가로 수출도 하고 있는데, 수출량은 수입량의 13~14% 수준이다.

표(3-19) 수입 상위 농산물의 물량과 금액 동향(2005~2007)

단위: 천톤, 백만달러(C.I.F.)

종 목	2005	2006	2007^p	연평균 증감률(%)
수입 상위 농산물량				
쌀	1,822.20	1,715.82	1,805.61	△0.5
우유 및 유제품	243.42	267.45	262.27	3.8
밀(미도정 포함)	2,049.84	2,675.16	1,871.80	△4.4
대두유, 콩가루	1,433.07	1,356.23	1,322.49	△3.9
엽연초	72.44	63.89	58.81	△9.8
우육	93.86	92.01	104.52	5.5
요소비료	570.29	525.80	462.60	△9.9
이유식	22.16	16.99	17.41	△11.4
고무	23.48	39.91	49.94	45.8
커피	33.02	17.16	30.79	△3.4
수입 상위 농산물 수입액				
쌀	549.95	515.04	657.14	9.3
우유 및 유제품	367.22	413.04	588.72	26.6
밀(미도정 포함)	377.23	531.79	424.44	6.1
대두유, 콩가루	384.23	317.91	392.02	1.0
엽연초	191.01	169.40	182.49	△2.3
우육	114.44	117.69	139.27	10.3
요소비료	51.27	119.11	123.35	55.1
이유식	101.48	81.12	97.76	△1.8
고무	41.60	74.24	85.31	43.2
커피	51.27	36.51	69.86	16.7

자료: Selected statistics on Agriculture 2008, Bureau of Agriculture statistics(BAS), Departments of Agriculture(http://bas.gov,ph)

기타 주요 수입농축산물의 물량과 수입액 동향을 살펴보면 축산 부문에서 냉동우육과 냉동계육의 수입량과 수입액이 증가하고 있는 추세이며 생우와 생닭의 수입량과 수입액은 감소 추세를 보인다.

마늘과 감자의 수입량과 수입액은 증가 추세를 보이고 있고 양파 수입량은 일정치 않다.

표(3-20) 기타 주요 농축산물 수입량과 수입액(2005~2007)

단위: 천톤, 백만달러(C.I.F.)

종 목	2005	2006	2007	연평균 증감률(%)
가축 및 가금류 수입량				
생우	0.02	0.02	0.01	△29.3
냉동우육	93.86	92.01	104.75	5.6
생닭	0.03	0.02	0.02	△18.4
냉동계육	26.09	32.76	35.82	17.2
채소 수입량				
마늘	27.42	41.82	52.20	38.0
양파	30.67	76.25	3.89	△64.4
꽃양배추, 브로콜리	0.20	0.17	0.23	7.2
감자	10.77	12.63	11.90	5.1
가축 및 가금류 수입금액				
생우	12.34	11.17	6.48	△27.5
냉동우육	114.44	117.69	138.78	10.1
생닭	1.89	1.91	1.16	△21.7
냉동계육	17.27	20.63	22.80	14.9
채소 수입금액				
마늘	6.72	10.65	11.57	31.2
양파	5.00	12.02	2.38	△31.0
꽃양배추, 브로콜리	0.08	0.08	0.08	0.0
감자	2.91	4.45	4.62	26.0

자료: BAS, Selected statistics on Agriculture 2008.

2) 농축산물 유통 개황

필리핀은 농작물의 품종이 다양하여 먹을거리가 풍부한 나라로
서 국내 유통되고 있는 농수축산물 중 정부에서 통계 관리하는 종
목만 약 82종이며 이를 부류별로 구분하면 다음과 같다.

- 곡물(Cereals): 쌀, 옥수수
- 근채(Rootcrops): 카사바, 가비, 파오(갈리앙), 감자, 고구마,
  투구이, 우비
- 채소와 콩깍지(Vegetables&Legumes): 암팔라야, 아스파라
  거스, 벨 페퍼, 블랙페퍼, 브로콜리, 양배추, 당근, 콜리플라워,
  셀러리, 사요테, 오이, 에그플랜트, 마늘, 생강, 거드, 하비츄
  엘라스, 망고, 오크라, 양파, 파톨라, 땅콩, 페카이, 무, 콩, 호
  박, 토마토
- 견과류(Nuts): 캐슈, 필리
- 과일(Fruits): 아티스, 아보카도, 바나나, 카이미토, 칼라만시,
  치코, 두리안, 구야바노, 잭프루트, 란쪼네스, 만다린, 망고,
  망고스틴, 마랑, 오렌지, 파파야, 파인애플, 포맬로, 딸기, 티
  에사, 수박
- 상업작물(Commercial Crops): 카카오, 코코넛, 커피, 사탕
  수수
- 가축과 가금류(Livestock & Poultry): 소고기, 카라비프, 세
  본, 돼지고기, 닭고기, 오리고기, 달걀, 오리알

- 비식용작물(Non-Food Crops): 마닐라삼, 면화, 고무, 담배
- 어류와 수산제품(Fish & Fishery Products): 밀크피쉬, 라운
  드스캐드, 필라피아, 참치, 게, 새우, 홍합, 굴

필리핀 정부는 농산물 통계의 편의를 위해 위의 농산물들을 다음
과 같이 곡물(cereals), 주요작물(major crops) 및 기타작물(other
crops)의 세 부류로 구분하여 관리하고 있다.

- 곡물: 쌀
- 주요작물: 코코넛, 사탕수수, 바나나, 파인애플, 커피, 망고,
  담배, 아바카, 고무, 카카오, 카사바, 카모테, 땅콩, 녹두, 양파,
  마늘, 토마토, 에그플랜트, 양배추, 시트루스
- 기타작물: 별도로 분류되지 않은 작물(섬유작물 포함)

필리핀 국가 전체의 식품 소비를 100%로 볼 때 곡물, 계란(오
리알 포함), 육류, 어류, 과채류 등 5대 주요 식품이 소매가격지수
(RPI;Retail Price Index)에서 차지하는 비중은 곡물 44.57%(쌀
38.66, 옥수수 5.91), 어류 19.13%, 육류 15.10%(닭고기 10.34,
돼지고기 4.25, 소고기 0.51), 과일·채소 13.20%(과일 9.22, 채
소 3.98, 단 채소는 과채 1.00, 엽채 0.38, 콩과 콩깍지 0.29, 근
채 2.11, 양념 0.20), 계란 7.99%(오리알 1.42, 달걀 6.57)이다.

필리핀 국민의 엥겔계수(총 소비지출 중에서 식품지출비가 차
지하는 비중)는 1985년의 51.9%에서 2003년에는 42.8%로 점차
낮아지고 있는 추세이다.

표(3-21) 필리핀 식료품비 지출 비중의 추이(1985~2003)

단위: %

총 가계지출 중에서 식료품 지출 비중	1985	1988	1991	1994	1997	2000	2003
	51.9	50.7	48.5	47.8	44.2	43.6	42.8
총 식료품 지출비에서 차지하는 비중							
곡물	56.6	31.4	29.9	30.5	29	27.3	25.7
서류	6.2	1.9	1.8	1.5	1.6	1.4	1.3
과일·채소류	4.8	9.4	9.2	8.8	8.8	10.3	10.0
육류	7.9	13.2	14.6	14.5	15.6	15.8	15.7
우유 및 가공품	4.1	7.1	7.2	7	6.8	6.9	7.5
어류	9.2	14.8	14.6	14.4	13.3	13.3	12.8
커피, 홍차, 코코아	1.9	3.4	2.9	2.7	2.5	2.3	2.4
비 알코올 음료	1.3	2.5	2.7	2.6	3.2	3.2	3.4
기타	4.6	9.6	9.2	9	8.4	8.3	8.9
외식비	3.6	6.7	7.9	8.9	10.6	11.5	12.4

자료: Philippines National Statistics Office(NSO), Family Income and Expenditures Survey.

식품소비지출 구조를 살펴보면 지난 18년간(1985~2003년) 총 식료품 지출액 가운데 곡물구입비가 차지하는 비중은 56.6%에서 25.7%로 낮아졌다.

그러나 육류구입비 지출 비중은 7.9%에서 15.7%로, 과일과 채소류구입비 지출 비중은 4.8%에서 10.0%로 증가하는 등 식생활의 고급화 추세가 진행되고 있다.

다양한 품목의 농산물이 고르게 생산되는 필리핀으로서는 우리나라에서와 같은 특정 품목의 격심한 과잉이나 부족현상은 발생하지 않지만 7,000여 개의 섬으로 이루어진 탓에 국내에서 생산된 농산물이 적절히 유통되지 못하여 식량의 밀수가 성행하는 지역이 상당하기 때문에 식량 수송이 유통과정에서 가장 중요한 요소가 된다.

농산물의 유통단계 및 절차는 품목과 지역에 따라 조금씩 다르기도 하지만 대개의 경우 농가 단위에서 생산된 농산물이 수집상에 의해 마을 단위로 수집되어 유통되는 점에는 별반 차이가 없다.

주식인 쌀은 필리핀 경제에 있어서 대단히 민감한 역할을 하는 품목이기 때문에 정부는 쌀 시장에 깊숙이 개입하고 있다.

정부는 NFA(필리핀 국립 식품청, National Food Authority)를 통하여 쌀의 수입권을 독점하고 농가생산가격을 지지하기 위하여 국내의 유통기구들을 관장하고 있으며 WTO와의 협상을 통해 쌀을 농산물 개방의 양허품목에서 제외시키는 노력을 성공적으로 추진하여 왔다.

곡물의 경우에는 농가나 마을 단위에서 생산되어 수집상에 의해 수매, 운반, 적재, 하역, 조작(선적), 도정, 포장, 건조, 보관, 수송, 판매 등의 단계를 거치는데 여기에서 중요한 역할을 담당하는 것이 TC(Trading Center)이다.

쌀의 경우 완제품이 주산단지인 루손지역의 TC에서 비사야지역 및 민다나오지역으로 공급된다.

민다나오지역이 주산지인 옥수수는 TC가 있는 루손지역으로 집결되어 다시 전국으로 유통된다.

과일과 채소의 유통단계 및 절차는 대형 수집상이 생산자나 농민으로부터 직접 수매하기도 하지만 주로 농가 단위에서 생산된 후 각 품목의 TC로 집결되는 상품들을 수집, 가공하여 도소매 공영·재래시장, 또는 대형 유통업체 등에 공급한다.

도시 근교의 생산자들은 자신이 생산한 농산물을 지프니(필리핀의 대중교통수단)에 직접 싣고 도매시장에 출하하기도 한다.

농산물 유통과 가공산업은 대부분 대규모 화교자본에 의해서 지배되고 있는 실정이다.

필리핀 국민들의 주요 이동교통수단인 지프니, 지붕에는 농산물 등 수화물을 적재한다.

4. 주요 농수축산물 수급동향과 지역별 생산량

1) 필리핀 농업 생산액에 대한 품목별 기여도

필리핀의 농수축산물의 생산액은 크게 농작물, 가축, 가금, 수산으로 나뉘어 파악되는데, 2008년 현재 경상가격 기준으로 농작물 생산액은 54.6%, 가축생산액은 15.57%, 가금류는 11.26%, 수산물은 18.54%로 구성되어 있다.

표(3-22) 농축수산업 생산액의 종목별 기여도(2006~2008)

단위: %

종목	실질가격기준			경상가격기준		
	2006	2007	2008	2006	2007	2008
농작물	47.27	47.65	47.71	57.51	52.59	54.63
쌀	16.59	16.80	16.74	17.98	18.69	20.33
옥수수	5.98	6.33	6.27	6.15	6.76	6.51
코코넛	7.48	7.10	7.03	5.67	6.13	6.90
사탕수수	2.56	2.24	2.64	3.74	2.97	2.98
바나나	4.00	4.21	4.70	5.42	5.98	6.48
파인애플	1.11	1.17	1.23	0.89	1.01	0.95
커피	0.79	0.71	0.68	0.56	0.56	0.53
망고	2.17	2.31	1.92	2.11	1.78	1.71
담배	0.19	0.16	0.15	0.21	0.20	0.22
아바카	0.15	0.13	0.13	0.27	0.23	0.26
땅콩	0.08	0.08	0.08	0.08	0.08	0.07
녹두	0.10	0.11	0.11	0.09	0.10	0.09
카사바	0.81	0.83	0.83	1.03	0.91	0.92

종목	실질가격기준			경상가격기준		
	2006	2007	2008	2006	2007	2008
카모테	0.35	0.34	0.33	0.51	0.49	0.46
토마토	0.21	0.21	0.21	0.24	0.22	0.22
마늘	0.19	0.16	0.16	0.12	0.08	0.05
양파	0.16	0.29	0.24	0.24	0.23	0.46
양배추	0.14	0.18	0.18	0.12	0.15	0.12
에그플랜트	0.30	0.32	0.29	0.32	0.24	0.30
칼라만시	0.33	0.32	0.31	0.24	0.18	0.16
고무	0.53	0.58	0.56	1.39	1.77	1.38
기타	3.05	3.06	2.92	4.21	3.82	3.55
축산물	13.26	12.98	12.36	17.54	16.74	15.57
물소	0.52	0.52	0.51	0.77	0.74	0.70
소	1.53	1.45	1.41	1.79	1.61	1.47
돼지	10.88	10.68	10.11	14.35	13.80	12.87
염소	0.32	0.31	0.31	0.59	0.55	0.50
우유	0.02	0.02	0.02	0.04	0.04	0.04
가금	14.62	14.01	14.11	12.44	12.14	11.26
닭	10.61	10.19	10.37	9.23	8.97	8.40
오리	0.53	0.47	0.42	0.30	0.26	0.23
달걀	3.11	3.02	3.04	2.59	2.61	2.39
오리알	0.37	0.33	0.29	0.32	0.30	0.24
수산물	24.84	25.36	25.82	18.45	18.53	18.54
상업	5.64	5.94	5.88	5348	5.62	5.42
시영	5.91	5.96	5.86	6.68	6.59	6.11
양식	13.30	13.45	14.07	6.29	6.32	7.01
합계	100.00	100.00	100.00	100.00	100.00	100.00

자료: Performance of Philippine Agriculture January–December 2008, Bureau of Agricultural Statistics(BAS)

농작물 중에서는 생산액 기준으로 벼가 20.33%, 옥수수가 6.51%, 코코넛이 6.90%, 사탕수수가 2.98%, 바나나가 6.48%, 망고가 1.71%, 고무가 1.38%, 파인애플이 0.95%, 카사바가 0.92% 등 순으로 많다.

가축 중에서는 돼지가 12.87%, 소가 1.47%, 물소가 0.70% 등이며, 가금 중에서는 닭이 8.4%, 계란이 2.39%, 오리가 0.23% 등의 순서이다.

수산물은 양식이 7.01%, 시영(市營)이 6.11%, 상용(商用)이 5.42%를 차지한다.

2) 주요 농작물의 지역별 생산량 분포

2007년도 주요 8대 농작물의 지역별 생산량 분포를 보면 루손지방은 전체 쌀 생산량의 57.3%, 전체 망고 생산량의 66.2%를 생산하는 주산지이다.

비사야지방은 사탕수수 생산량의 66.5%를 차지하는 주산지이다.

민다나오지방은 옥수수(55.9%), 코코넛(61.4%), 파인애플(87.2%), 바나나(78.7%), 커피(74.8%) 등의 대부분을 생산하고 있어 농업 중심지역이라 할 수 있다.

북민다나오지방은 파인애플의 45.9%, 바나나의 12.5%, 옥수수의 15.6%, 코코넛의 11.2%, 사탕수수의 11.5%를 생산하고 있다. 이 지역의 파인애플과 바나나의 생산 비중이 높은 이유는 이 지역에 델몬트(Delmonte)의 대규모농장(Plantation)이 있기 때문이고 쌀 생산량의 비중이 낮은 것은(3.1%) 대부분이 구릉지대이기 때문이다.

표(3-23) 주요 농작물의 지역별 생산량 분포(2007)

단위: 1,000톤, %

지 역	벼	옥수수	코코넛	사탕수수	파인애플	망고	커피
필리핀 전체(1,000톤)	16,240.2	6,736.9	14,852.9	22,235.3	2,016.5	7,484.1	1,023.9
Luzon	57.30	35.15	20.67	16.34	11.50	11.46	66.22
CAR	2.69	2.61	0.01	0.04	0.03	0.36	0.37
Ilocos	10.11	4.98	0.23	0.09	0.01	0.62	43.37
Cagayan Valley	12.47	19.02	0.53	1.17	1.42	5.17	8.80
Central Luzon	18.12	2.95	1.23	4.05	0.06	0.69	8.22
CALABARZON	2.41	0.98	8.40	9.88	4.17	1.36	4.44
MIMAROPA	5.40	1.70	3.82	−	0.01	2.52	0.77
Bicol	6.10	2.91	6.46	1.11	5.79	0.74	0.16
VISAYAS	**19.66**	**8.94**	**17.89**	**66.52**	**1.30**	**9.82**	**12.86**
Western Visayas	12.27	4.67	3.25	51.70	0.73	4.43	5.67
Central Visayas	1.55	2.96	2.67	13.02	0.22	2.10	7.12
Eastern Visayas	5.84	1.31	11.97	1.80	0.34	3.29	0.07
MINDANAO	**23.04**	**55.91**	**61.43**	**17.14**	**87.20**	**78.72**	**20.92**
Zamboanga Peninsula	3.41	3.26	11.89	a/	0.12	3.30	5.82
Nothern Mindanao	3.09	15.56	11.24	11.51	45.85	12.47	3.29
Davao Region	2.63	5.26	17.38	2.77	1.11	42.49	3.72
SOCCSKSARGEN	7.31	16.68	5.75	2.59	39.86	12.50	5.00
Caraga	2.81	1.87	8.37	0.26	0.22	2.98	1.64
ARMM	3.79	13.29	6.80	a/	0.05	4.98	1.45

a/: Less than 0.01%

자료: Selected statistics on Agriculture 2008, Bureau of Agriculture statistics(BAS), Departments of Agriculture(http://bas.gov,ph)

3) 주요 식량작물의 수급동향

(1) 쌀

쌀은 필리핀 국민의 주식 곡물로서 농업부문 총 고용자의 37%가 종사하는 가장 중요한 작물이다.

그러나 생산기반 조성 미흡, 기술보급체제 부족, 농자재 구입자금 부족 등의 이유로 벼의 ha당 수량은 이모작이 가능한 기후조건임에도 불구하고 3.8톤(벼 기준)에 불과하다.

그림(3-6) 벼의 생산량과 생산성(1998~2008)

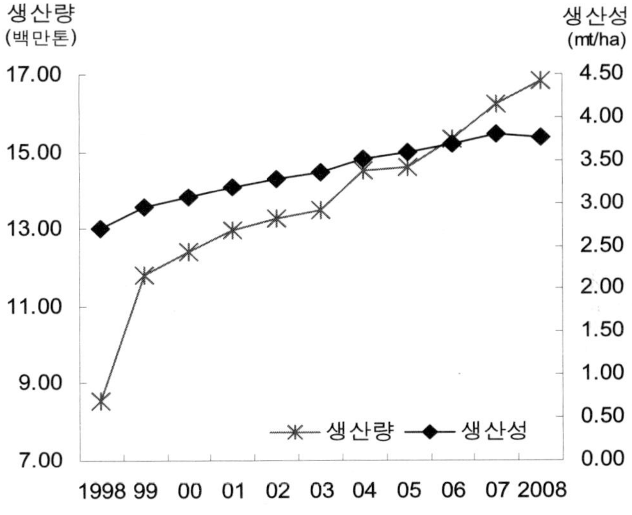

자료: Selected Statistics on Agriculture 2008. Bureau of Agricultural Statistics(BAS)

관개된 논은 전체의 68%에 해당하는 292만ha이며 32%인 136 만ha는 천수답이다. 천수답의 생산성(톤/ha)은 관개농지 생산성 (4.21톤)의 69.6%에 불과한 2.93톤이다.

표(3-24) 벼의 생산량과 생산성 동향(2005~2007)

항 목	2005	2006	2007	연평균 증가율(%)
총생산량(백만톤)				
합계	**14.60**	**15.33**	**16.24**	**5.47**
관개농지	11.23	11.60	12.27	4.53
천수답	3.37	3.73	3.97	7.71
1~6월	6.03	6.54	6.73	5.64
관개농지	5.09	5.37	5.58	4.70
천수답	0.94	1.17	1.15	10.61
7~12월	8.57	8.79	9.51	5.34
관개농지	6.14	6.22	6.69	4.38
천수답	2.43	2.57	2.82	7.72
재배면적(백만ha)				
합계	**4.07**	**4.16**	**4.27**	**2.43**
관개농지	2.79	2.83	2.92	2.30
천수답	1.28	1.33	1.36	3.08
단수(톤/ha)				
합계	**3.59**	**3.68**	**3.80**	**2.88**
관개농지	4.02	4.10	4.21	2.33
천수답	2.63	2.80	2.93	5.55

자료: Selected Statistics on Agriculture 2008. Bureau of Agricultural Statistics(BAS)

필리핀 벼는 이모작 재배를 통하여 연간 1,624만톤(2007년)이 생산되는데 이 중에서 7월부터 12월까지의 생산량(951만톤)이 1월부터 6월까지의 생산량(673만톤)보다 1.4배 많다.

최근 2년간(2005~2007년) 쌀 생산량은 재배면적의 증가(연평균 2.43%)와 생산성의 증가(연평균 2.88%)에 힘입어 연평균 5.47%씩 증가하였다.

관개농지의 생산량 증가율(4.53%)보다는 천수답의 생산성 증가율(7.71%)이 높았다.

표(3-25) 쌀의 공급량과 이용 상황

단위: 천톤, %

항 목	2005	2006	2007	연평균증가율(%)
총 공급	13,423	13,834	14,679	4.57
기초재고	2,051	2,094	2,253	4.80
생산량(A)	9,550	10,024	10,621	5.46
수입량(B)	1,822	1,716	1,805	0.47
비율(B/A)	19.1	17.1	17.0	—
총 소비				
수출	b/	b/	b/	—
종자	200	204	210	2.47
사료 및 감모	621	652	690	5.41
가공	282	401	425	5.48
식용소비	10,126	10,324	11,235	5.33
1인당 소비량(kg/year)	118.80	118.70	126.84	3.33

b/: less than 1,000mt
자료: Selected Statistics on Agriculture 2008. Bureau of Agricultural Statistics(BAS)

벼의 생산성 향상을 위해서는 용배수 등 관개기반의 정비와 재배기술의 향상 및 비료·농약 등 농자재의 원활한 공급문제 등이 먼저 해결되어야 할 것이다.

2007년 현재 쌀공급은 식용소비 1,123만5,000톤, 사료 및 감모 69만톤, 가공 42만5,000톤, 종자 21만톤과 국내생산량의 17%에 해당하는 수입량 180만5,000톤으로 충당되었다.

국민 1인당 쌀 소비량은 연간 126.84kg으로 최근 2년간 연평균 3.33%씩 증가하고 있다.

그림(3-7) 국민 1인당 쌀 소비량(1998~2007)

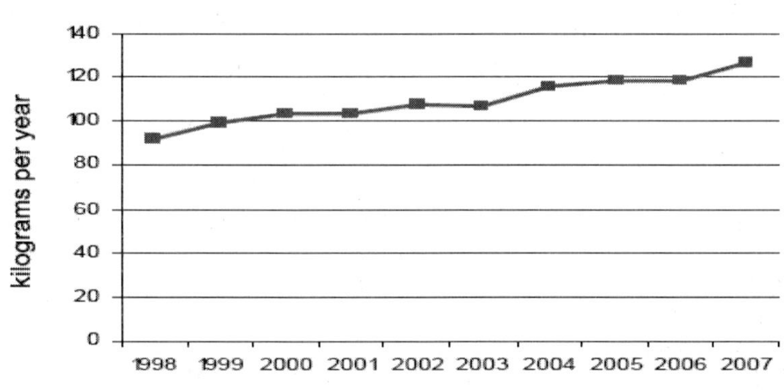

자료: Selected Statistics on Agriculture 2008. Bureau of Agricultural Statistics(BAS)

2002년 현재 중부 루손지역의 평균 벼 생산비와 수익성 평가자료를 이용하여 벼농사의 수익성을 분석하면 벼농사의 ha당 순수익은 1,239페소(4만원 내외)로 대단히 낮고 수익/생산비 비율도 3%로 다른 작물에 비해 현저히 낮은 수준이다.

벼농사의 ha당 평균 벼 수확량은 4,089kg이고, ha당 평균 조수입은 37.864페소이며 평균 생산비는 3만6,625페소로 ha당 순수입은 1,239페소였다.

벼의 kg당 생산비는 8.96페소이고 농가판매가격은 9.26페소로 벼농사는 수익률이 대단히 낮은 자가노동의 임금확보 내지 생계유지적인 수준의 농사짓기라 할 수 있다.

표(3-26) 중부 루손지역의 벼 ha당 수익성 분석

구 분	금 액 (PHP/ha)	비 고
조수입(A)	37,864	
생산비(B)	36,625	토지세: 268, 토지용역비[2]: 3,751PHP/ha
순수익(C=A-B)	1,239	
순수익/생산비(C/B) 비율	0.03	
* kg당 생산비(PHP/kg)	8.96	
* ha당 수확량(벼, kg/ha)	4,089	
* 농가판매가격(PHP/kg)	9.26	

주1: Central Luzon지역 2002년도 벼 생산성분석 통계자료를 참고하였음.
　2: 토지용역비는 농지임차료 현급지급액, 농지소유자지분, 소유농지 임대료평가상당액을 합산한 금액임.
자료: Updated Production Costs and Returns for Selected Agricultural Commodities Part I: Palay and Corn 2000~2002, Bureau of Agricultural Statistics, Department of Agriculture, Quezon City, 2003. 7.

(2) 옥수수

옥수수는 필리핀 국민의 제2의 주곡으로 농업부문 고용인력의 15% 정도를 고용하고 있는, 벼 다음으로 중요한 작목임에도 불구하고 생산기반투자와 기술보급체제의 미흡, 영농자재(비료 등)의 부족 등으로 인하여 ha당 생산성은 식용(백색) 1.72톤, 사료용(황색) 3.57톤 등 평균 2.54톤으로 대단히 낮은 수준이다.

표(3-27) 옥수수의 곡종별 생산량과 재배면적(2005~2008)

구 분	2005	2006	2007	2008
생산량(백만톤)				
합 계	5.25	6.08	6.74	6.93
백색종	2.25	2.36	2.53	2.25
황색종	3.00	3.72	4.21	4.67
1~6월	1.97	2.60	2.75	3.29
백색종	0.72	0.87	0.92	0.89
황색종	1.25	1.74	1.83	2.41
7~12월	3.28	3.48	3.98	3.64
백색종	1.53	1.49	1.60	1.37
황색종	1.75	1.99	2.38	2.27
재배면적(백만ha)				
합 계	2.44	2.57	2.65	2.66
백색종	1.49	1.47	1.47	1.37
황색종	0.95	1.10	1.18	1.29

구 분	2005	2006	2007	2008
1~6월	0.89	1.01	1.05	1.14
백색종	0.50	0.52	0.55	0.51
황색종	0.39	0.49	0.50	0.63
7~12월	1.55	1.56	1.60	1.52
백색종	0.99	0.95	0.92	0.86
황색종	0.56	0.61	0.68	0.67
생산성(mt/ha)				
합 계	2.15	2.37	2.54	2.60
백색종	1.51	1.60	1.72	1.65
황색종	3.16	3.39	3.57	3.61
1~6월	2.21	2.57	2.62	2.90
백색종	1.45	1.67	1.69	1.74
황색종	3.17	3.52	3.63	3.83
7~12월	2.12	2.23	2.49	2.39
백색종	1.54	1.57	1.74	1.59
황색종	3.15	2.28	3.53	3.41

자료: BAS, Selected Statistics on Agriculture 2008.

최근 2년간 옥수수 총 생산량은 연평균 13.3%씩 증가하여 2007년도에는 674만톤으로, 이 중에서 식용(백색)은 253만톤, 사료용(황색)은 421만톤이었다.

사료용 옥수수의 연평균 생산량 증가율은 18.46%로 식용 옥수수보다 훨씬 높았다.

계절별 생산량은 7~12월의 생산량이 1~6월의 생산량보다 1.5

배가량 많았는데, 이는 7~12월의 옥수수 재배면적이 1~6월의 재배면적보다 1.5배가량 넓기 때문이다. 1~6월까지의 옥수수 재배면적은 105만ha이고 7~12월까지의 재배면적은 160만ha이다.

2007년도의 옥수수 재배면적은 265만ha로서 이 중에서 식용 옥수수는 147만ha, 사료용 옥수수는 118만ha였다.

옥수수의 생산량은 2005년의 525만3,000톤에서 2007년의 673만7,000톤으로 연평균 14.13%씩 증가하였다.

표(3-28) 옥수수의 공급과 소비동향(2005~2007)

단위: 천톤, %

항　목	2005	2006	2007	비중	연평균 증감률
총공급	5,515	6,593	7,066	100.0	14.06
기초재고	191	204	177	2.5	△3.66
생산	5,253	6,082	6,737	95.3	14.13
수입	71	307	152	2.2	57.04
총소비	5,515	6,593	7,066	100	14.06
수출		1			
종자	49	51	53	0.8	4.08
사료 및 감모	3,414	3,953	4,575	64.7	17.00
가공	701	811	921	13.0	15.69
식용	1,147	1,601	1,344	19.0	8.59
기말재고	204	177	173	2.4	△7.60
1인당 소비량(kg/year)	13.46	18.41	15.17	-	6.35

자료: Selected Statistics on Agriculture 2008. Bureau of Agricultural Statistics(BAS)

옥수수의 수입량도 2005년의 7만1,000톤에서 2007년도에는 15만2,000톤으로 두 배 이상 증가하였다.

옥수수의 소비량 중에서 사료 등으로 소비된 양은 연평균 17% 증가하여 2007년도에는 457만5,000톤으로 사료 소비가 전체 소비량의 64.7%를 차지하였다.

옥수수의 식용소비량은 연평균 8.59%씩 증가하여 2007년도에는 사료용의 1/3 수준인 134만4,000톤(19.0%)이며, 가공소비량은 연평균 15.69%씩 증가하여 2007년도에는 92만1,000톤(13.0%)에 이르렀다.

국민 1인당 옥수수 식용 소비량은 2005년의 13.46kg에서 2007년에는 15.17kg으로 연평균 6.35%씩 증가하였다.

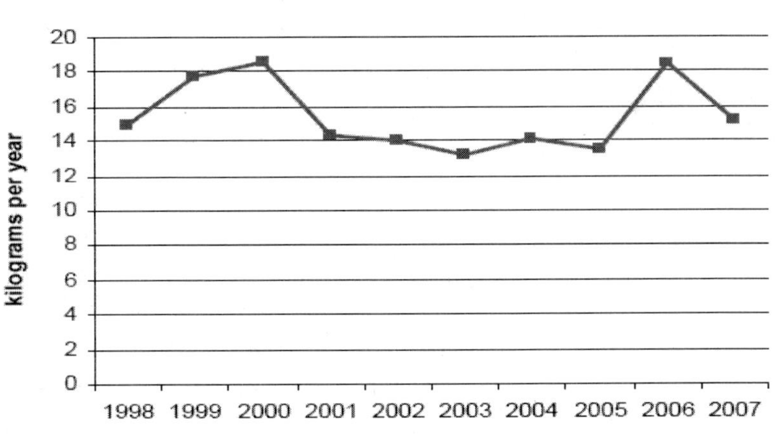

그림(3-8) 국민 1인당 옥수수 소비량(1998~2007)

자료: Selected Statistics on Agriculture 2008. Bureau of Agricultural Statistics(BAS)

루손섬 동북부지역에 위치한 Cagayan Valley지역의 옥수수 수익성 분석결과를 Isabela주가 제공한 자료를 중심으로 살펴보면 2006년의 경우 총 생산비(22.362PHP/ha) 중에서 비료, 고용임금, 현금지출비용이 61.9%로 가장 많고 자가임금, 자기자본이자 등 간접생산비가 29.8%였으며, 나머지가 비현금지출 생산비였다.

생산비는 건기와 우기에 서로 비슷한 수준으로 투입되었는데, 생산성의 차이로 인하여 건기의 순수익(1만757PHP)이 우기(7,332PHP)보다는 높았다.

이에 따라서 순수입/생산비 비율은 건기는 48%, 우기는 33%로 차이가 발생하였다.

표(3-29) 루손섬 카가얀벨리지역의 옥수수 ha당 수익성 분석 (2005~2006)

단위: PHP/ha

구 분		건기		우기		평균	
		2005	2006	2005	2006	2005	2006
현금 지출 비용(A)		12,562	13,043	14,080	14,467	13,244	13,843
종자		1,491	1,984	2,018	2,238	1,768	2,156
유기질 비료	(고체)	8	8			4	4
무기질 비료	(고체)	4,637	4,476	5,023	4,777	4,850	4,645
토양 ameliorants	(고체)	10	10			5	5
	(액체)	31	30			14	13
농약	(고체)	52	54	57	57	55	56
	(액체)	464	484	348	351	398	402
고용노임		4,097	4,393	4,819	5,078	4,485	4,767
토지세		60	61	38	38	47	47
임차료 기계		10	11	9	9	10	11
축력				16	17	10	11

구 분	건기		우기		평균	
	2005	2006	2005	2006	2005	2006
농기구 및 장비			9	9	4	4
연료비	116	143	226	269	186	207
투입재 운송비	86	99	158	175	120	136
차용곡물 이자	352	387	347	382	350	385
식품비	610	648	587	613	597	629
수리비	238	255	247	266	243	261
기타			178	188	98	104
비현금 지출 비용(B)	1,359	1,889	1,564	1,783	1,470	1,848
종자	50	67	44	49	47	57
수확기 소유자 지분	325	495	322	400	322	444
탈립기 소유자 지분	41	63	44	55	42	58
현물지급 고용 노임	3	3	26	28	16	17
지주 지분	883	1,175	1,045	1,159	968	1,181
임대비	53	71	83	92	68	83
차용곡물 이자	14	15			7	8
간접생산비	6,752	7,559	5,603	5,930	6,110	6,671
기사 노임	955	1,024	862	908	902	958
자가 노임	1,802	1,932	885	932	1,298	1,379
품앗이	129	138	93	98	108	115
감가상각비	979	1,077	504	554	714	785
자기자본이자	1,726	1,830	1,962	2,000	1,853	1,928
자기토지용역비	1,171	1,558	1,297	1,438	1,235	1,506
생산비 계(A+B+C)	20,393	22,491	21,247	22,180	20,824	22,362
조수입	21,808	33,248	23,763	29,512	22,805	31,451
현금지출 비용 차감 수입	9,546	20,205	9,683	15,045	9,561	17,608
현금지출+비현금지출 차감 수입	8,177	18,316	8,119	13,362	8,091	15,760
순수익(C=A-B)	1,415	10,757	2,516	7,332	1,981	9,089
순수익/생산비(C/B) 비율	0.07	0.48	0.12	0.33	0.10	0.41
* kg당 생산비(PHP/kg)	6.93	6.67	7.06	6.58	6.99	6.63
* ha당 수확량(kg/ha)	2,943	3,372	3,008	3,369	2,981	3,371
* 농가판매가격(PHP/kg)	7.41	9.86	7.90	8.76	7.65	9.33

자료: KCFeed, 필리핀루손섬(이사벨라주, 타북시)농업투자환경 조사보고서, 2008.12.

(3) 사탕수수

사탕수수는 2006년까지는 생산량이 증가하다가(24,345,106톤) 2007년에는 22,235,297톤으로 감소하였다.

생산된 사탕수수는 거의 전량이 국내에서 가공되고 있으며, 극히 미미한 양이 수출되고 있다.

식용으로 소비되는 사탕수수는 2007년 현재 22만2,351톤이고 국민 1인당 식용소비량은 연간 2.5kg 내외이다.

표(3-30) 사탕수수의 공급과 소비동향(2005~2007)

단위: 천톤, %

항 목	2005	2006	2007	비중	연평균증감률
총공급	22,918	23,345	22,235	100.0	−1.49
생산	22,918	23,345	22,235	100.0	−1.49
수입	−	−	−	−	−
총소비	22,918	24,345	22,235	100.0	−1.49
수출	0	0	0	0.0	−16.67
가공	22,688	24,102	22,013	99.0	−1.49
식용소비	229	243	222	1.0	−1.49
1인당 소비량(kg/year)	2.69	2.8	2.51	−	−3.35

자료: Selected Statistics on Agriculture 2008. Bureau of Agricultural Statistics(BAS)

4) 열대과일과 고무나무 생산·수급동향

(1) 바나나

대부분의 열대작물과 마찬가지로, 바나나를 재배하는 데 필요한 특수한 기후조건 때문에 바나나는 대부분 열대지역의 개도국에서 생산된다.

필리핀에서 바나나는 최근 6년간 생산량이 연평균 7.2%씩 증가하고 있는 중요한 과일작물이다.

바나나 재배면적은 연평균 1.88%씩, 그리고 생산량은 생산성의 높은 증가율(연평균 5.28%) 때문에 연평균 7.25%씩 향상되고 있다.

표(3-31) 최근 6년간 필리핀 바나나 생산 추이(2002~2007)

구 분	2002	2003	2004	2005	2006	2007	연평균 성장률(%)
재배면적(ha)	398,000	409,800	414,510	417,755	428,804	436,762	1.88
생산성(MT/ha)	13.25	13.10	13.59	15.08	15.85	17.14	5.28
생산량(천톤)	5,275	5,369	5,631	6,298	6,794	7,484	7.25

자료: FAOSTAT, FAO Statistics Division 2009/28 AUG. 2009

2007년 현재 생산된 바나나의 48.7%는 국내식용소비로 이용되고 있으며 25.2%는 해외 수출, 18.7%는 가공, 그리고 4.5%는 사료 또는 감모로 이용되고 있다.

국민 1인당 바나나 식용소비량은 2005년의 34.6kg에서 2008년에는 49.5kg으로 연평균 12.7%씩 증가하고 있다.

표(3-32) 바나나의 공급과 소비동향(2005~2007)

단위: 톤, %

항 목	2005	2006	2007	2008	비중	연평균 증가율
총공급	6,298,225	6,794,564	7,484,073	8,687,624	100.0	11.32
생산	6,298,225	6,794,564	7,484,073	8,687,624	100.0	11.32
수입	–	–	–			
총소비	6,298,225	6,794,564	7,484,073	8,687,624	100.0	
수출	2,024,321	2,311,540	2,199,321	2,192,553	25.2	2.70
사료 및 감모	256,434	268,981	317,085	389,704	4.5	14.97
가공	1,068,476	1,120,756	1,321,188	1,623,768	18.7	14.97
식용	2,948,994	3,093,287	3,646,479	4,481,599	51.6	14.97
1인당 소비량(kg/year)	34.60	35.57	41.17	49.54		12.71

자료: BAS, Selected Statistics on Agriculture 2008.

바나나는 파랗고 딱딱한 상태에서 수확되고, 수확된 바나나는 세척, 포장과정을 거쳐 전용 냉장선박('reefer')으로 수송되는데, 운송되는 동안 숙성되는 것을 막고 진열 판매기간을 늘리기 위해 13~14℃의 저온상태에서 수송된다.

수입항에 도착된 바나나는 최적 온도 15~20℃의 숙성실로 보내져 숙성과정을 거치게 되는데, 보통 에틸렌 가스(ethylene gas)를 이용하여 숙성시킨다.

세계적으로 교역되는 바나나의 양은 전 세계 생산량의 약 1/5 수준이다. 2006년을 기준으로 에콰도르, 필리핀, 코스타리카, 콜롬비아, 과테말라 상위 5개 수출국이 차지하는 세계시장 점유율이

72%로서 전 세계 수출량의 70% 이상을 차지하며, 특히 에콰도르 한 나라가 약 30%를 차지한다.

세계 유수의 바나나 생산국인 인도, 중국, 브라질은 생산된 바나나를 전량 국내 소비하고 있기 때문에 바나나 수출시장에 참여하지 않고 있다.

바나나의 수출이 대부분 개도국에서 이루어지는 것과는 반대로 바나나의 수입은 대부분 북반구에 위치한 선진국에 편중되어 있어 전형적인 '남북무역'의 형태를 지니고 있다.

표(3-33) 주요 국가별 바나나 수출량

단위: 톤

국가/연도	2000년	2002년	2004년	2006년	비중
에콰도르	3,993,968	4,199,156	4,521,458	4,908,564	29.2%
필리핀	1,599,920	1,684,986	1,797,343	2,311,540	13.8%
코스타리카	2,079,280	1,873,346	2,016,687	2,183,514	13.0%
콜롬비아	1,564,400	1,460,245	1,471,394	1,567,898	9.3%
과테말라	801,514	980,557	1,058,161	1,055,497	6.3%
온두라스	374,964	441,407	571,686	515,224	3.1%
파나마	489,284	403,923	397,940	431,141	2.6%
코트디부아르	243,031	256,000	252,423	286,301	1.7%
카메룬	238,170	238,412	294,886	256,625	1.5%
브라질	72,468	241,038	188,087	194,331	1.2%
도미니카	79,004	112,201	102,023	187,136	1.1%
세계	14,336,323	14,488,871	15,732,814	16,789,032	100.0%

자료: FAOSTAT(http://faostat.fao.org)

표(3-34) 주요 국가별 바나나 수입량

단위: 톤

국가/연도	2000년	2002년	2004년	2006년	비중
미국	4,030,636	3,906,959	3,881,468	3,839,476	24.2%
독일	1,114,505	1,182,772	1,174,492	1,292,001	8.2%
벨기에	1,027,273	876,088	1,002,690	1,180,707	7.4%
일본	1,078,655	936,272	1,026,014	1,043,634	6.6%
영국	742,933	833,154	828,892	924,523	5.8%
러시아	502,951	649,959	858,124	894,175	5.6%
이탈리아	604,774	597,349	618,433	646,614	4.1%
캐나다	398,615	417,064	442,336	458,028	2.9%
프랑스	340,676	348,498	406,105	408,301	2.6%
중국	593,532	347,807	380,933	387,893	2.4%
아르헨티나	339,963	229,546	303,373	295,724	1.9%
이란	200,000	150,725	270,949	294,080	1.9%
한국	184,211	187,169	210,109	280,245	1.8%
네덜란드	159,567	160,450	164,064	279,014	1.8%
우크라이나	59,547	79,106	66,515	271,985	1.7%
세계	14,437,619	13,902,604	15,080,810	15,851,162	100%

자료: FAOSTAT(http://faostat.fao.org)

국제시장에서 바나나의 교역 및 유통은 소수의 다국적기업들에 의해 주도되고 있어 전형적인 과점시장(oligopoly)의 성격을 지닌다.

대표적인 다국적 기업은 치퀴타(Chiquita), 돌(Dole), 델몬트 (Del Monte)로 이들 상위 3개 기업의 2007년 세계 바나나시장 점유율은 66%이다. 피프스(Fyffes)와 노보아(Noboa)를 합친 상위 5개 기업의 국제시장 점유율은 86%에 달한다.

1990년대 이후 농산물 유통과정에서 슈퍼마켓, 대형소매유통 업체 등 소매유통기구의 시장 지배력이 커짐에 따라 다국적 기업 들의 바나나 판매 마진은 계속적으로 감소하는 추세이다.

표(3-35) 다국적 기업의 세계 바나나시장 점유율

단위: %

회사명	1966년	1972년	1980년	1992년	1999년	2007년
Chiquita	34	30.5	28.7	34	25	25
Dole	12.3	18	21.2	20	25	26
DelMonte	1.1	5.5	15.4	15	15	16
Top 3 합계	47.4	54	65.3	69	65	66
Fyffes	–	–	–	2~3	7~8	8
Noboa	–	–	–	–	11	12
Top 5 합계	–	–	70	80	84	86

자료: The World Banana Economy(1985~2002), FAO(1966~1999), Banana Link(2007)

Chiquita Brands International Inc.(치퀴타·'Chiquita')는 1871년에 United Fruit Company로 설립되어 1970년에 United Brands Company로 변경하였고, 1985년에 현재 이름으로 바뀌 었다.

Dole Food Company(돌·'Dole')은 1924년 Standard Fruit Company로 설립되었고, 1926년에 Standard Fruit & Steamship Company로 변경하였으며, 1991년에 현재 이름으로 바뀌었다.

Fresh Del Monte Produce(델몬트·'Del Monte')는 1989에 Del Monte Corporation이 Del Monte Tropical Fruit와 Del Monte Foods로 분리하여 생겨났으며, Del Monte Tropical Fruit는 1993년에 현재의 명칭인 Fresh Del Monte Produce가 되었다.

Fyffes plc(피프스·'Fyffes')는 유럽지역의 선도적인 청과 유통업체이며, Exportadora Bananera Noboa(노보아·'Noboa')는 에콰도르의 주요 수출기업으로서 바나나를 포함한 에콰도르 수출량의 약 25%를 차지하고 있고, 'Bonita' brand를 사용한다.

최근 들어 다국적 기업들은 바나나 플랜테이션(plantation)을 직접 운영하기보다는 개별 바나나 재배업자들과 장기공급계약을 체결하는 방향으로 선회하고 있다.

계약재배를 통하여 다국적 기업들은 자연재해의 발생, 생산과정에 수반되는 환경 및 사회적 비용 등과 같은 생산위험(production risk)를 회피할 수 있을 뿐만 아니라 보다 부가가치가 높은 유통과정에 참여할 수 있게 되었다.

바나나의 생산자가격은 세척, 선별, 포장, 저장, 수송 등의 과정을 거친 수출가격보다 1/4~1/5 수준에서 형성되고 있기 때문에 생산자의 조직적인 반발이 점차 거세지고 있는 상황이다.

국제 바나나 가격은 2004년 초 이후 지속적으로 상승하는 추세(표(3-36)과 그림(3-9) 참조)이며, 최근 5년간 평균가격은 $729/톤 수준이다. 2006년부터 2009년까지의 가격상승률은 26.3%이다.

표(3-36) 필리핀 바나나 생산자 가격과 미국 수입가격 추이 (2000~2009)

단위: 달러/톤

구 분	2000	2001	2002	2003	2004	2005	2006	2007	2008	2009
생산자 가격[1]	90.8	82.4	89.3	93.5	106.3	119.0	121.3	144.6	162.1	192.3
국제 가격[2]	422	585	528	375	525	577	683	677	844	863

자료: 1) BAS, CountrySTAT Philippines
     2) Average of Chiquita, Del Monte, Dole, US importer's price

그림(3-9) 국제 바나나 가격동향(1980~2009)

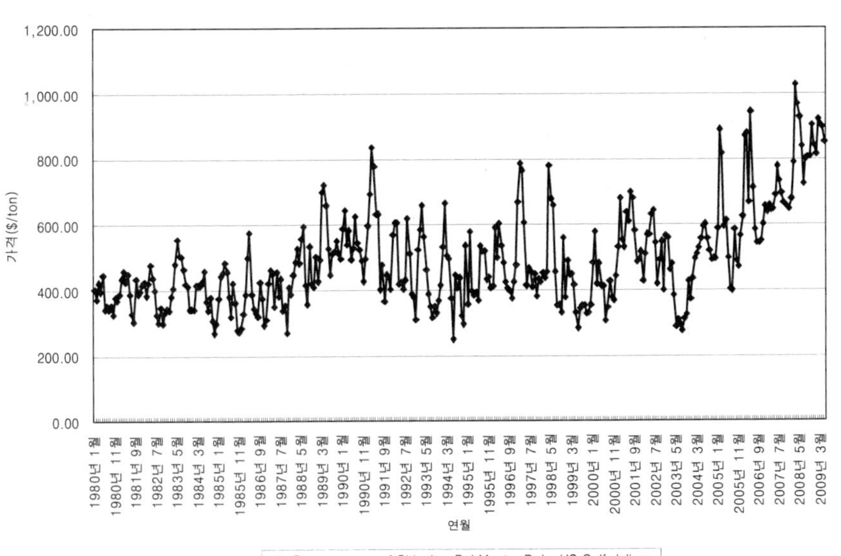

가격기준: Average of Chiquita, Del Monte, Dole, US Gulf delivery, USA
자료: IMF Primary Commodity Prices

(2) 파인애플

전 세계적으로 파인애플을 생산하는 나라는 82개국에 이르며, 그 가운데 생산량이 가장 많은 나라는 태국으로 전 세계 생산량의 13.5%를 차지하고 필리핀은 2007년 현재 세계 4위의 생산국이다.

표(3-37) 주요 국가별 파인애플 생산량

단위: 톤

국가/연도	2000년	2002년	2004년	2006년	2007년	비중(%)
태국	2,248,375	1,738,833	2,100,979	2,705,179	2,815,275	13.5
브라질	2,003,688	2,149,851	2,215,949	2,560,632	2,676,417	12.8
인도네시아	399,299	555,588	709,918	1,427,781	2,237,858	10.7
필리핀	1,559,560	1,639,161	1,759,813	1,833,910	2,016,462	9.6
코스타리카	903,125	992,000	1,077,300	1,556,480	1,968,000	9.4
중국	1,214,052	1,243,587	1,266,753	1,361,588	1,386,811	6.6
인도	1,020,000	1,180,000	1,234,200	1,353,100	1,308,000	6.3
나이지리아	881,000	889,000	889,000	895,000	900,000	4.3
멕시코	522,422	659,817	669,225	633,747	671,131	3.2
베트남	291,400	373,800	414,900	470,000	470,000	2.2
세계	15,097,558	15,800,617	16,667,953	19,210,902	20,911,077	100.0

자료: FAOSTAT(http://faostat.fao.org)

코스타리카, 필리핀, 네덜란드, 코트디부아르, 브라질 등 상위 5개 수출국이 차지하는 파인애플 시장 점유율은 70% 수준에 달한다.

 아시아 지중해의 진주, 필리핀

표(3-38) 주요 국가별 파인애플(Fresh Pineapple) 수출량

국가/연도	2000년	2002년	2004년	2006년	비중(%)
코스타리카	322,452	504,076	693,107	1,194,179	47.5
필리핀	135,484	178,657	204,087	231,882	9.2
네덜란드	19,171	29,445	69,628	183,773	7.3
코트디부아르	187,836	173,829	158,736	115,604	4.6
브라질	16,063	8,660	23,375	22,678	0.9
태국	4,995	4,561	5,736	6,771	0.3
중국	2,232	2,826	6,948	4,269	0.2
인도네시아	2,976	3,734	2,431	143	0.0
베트남	65	7	8	28	0.0
세계	1,019,673	1,407,521	1,853,579	2,515,599	100.0

자료: FAOSTAT(http://faostat.fao.org)

파인애플은 생과일 상태로 포장, 저장 및 수송이 용이하지 않은 측면이 많기 때문에 캔 및 주스로 가공하여 수출하는 경우가 많다.

파인애플 가공산업은 아시아지역과 밀접하게 연관되어 있는데, 태국, 인도네시아, 필리핀의 3개국이 세계 파인애플 캔 수출량의 약 80%(2006년 기준 76.9%)를 차지하고 있다. 특히 태국은 전 세계 파인애플 캔 수출량의 절반에 가까운 48.1%를 차지하고 있다.

표(3-39) 주요 국가별 파인애플 캔(Canned Pineapple) 수출량

단위: 톤

국가/연도	2000년	2002년	2004년	2006년	비중(%)
태국	446,392	384,958	478,080	618,869	48.1
인도네시아	131,690	149,830	138,503	186,682	14.5
필리핀	251,422	186,457	208,039	183,825	14.3
중국	22,400	40,121	77,143	64,563	5.0
네덜란드	31,170	20,391	30,899	31,995	2.5
베트남	2,600	10,537	15,136	10,900	0.8
세계	1,074,047	1,012,110	1,148,796	1,286,818	100.0

자료: FAOSTAT(http://faostat.fao.org)

세계 파인애플 주스시장은 태국과 필리핀이 전 세계 수출량의 약 70%(2006년 기준 68.8%)를 점유하고 있다.

필리핀은 전 세계 파인애플 주스 수출량의 27.5%를 점유하고 있다.

표(3-40) 주요 국가별 파인애플 주스(Pineapple Juice) 수출량

단위: 톤

국가/연도	2000년	2002년	2004년	2006년	비중(%)
태국	0	0	0	181,518	41.3
필리핀	0	0	0	120,743	27.5
코스타리카	0	675	0	34,908	7.9
인도네시아	20,047	26,964	27,760	32,829	7.5
브라질	0	3,402	9,318	6,188	1.4
세계	27,561	62,847	93,309	439,604	100.0

자료: FAOSTAT(http://faostat.fao.org)

표(3-41) 필리핀의 파인애플 생산 추이(2002~2007)

구 분	2002	2003	2004	2005	2006	2007	연평균 성장률(%)
재배면적(ha)	45,000	47,654	48,218	49,215	49,813	53,978	3.71
생산성(MT/ha)	36.4	35.6	36.4	36.3	36.8	37.4	0.54
생산량(1,000톤)	1,639	1,698	1,760	1,788	1,834	2,016	4.23

자료: FAOSTAT, FAO Statistics Division 2009/28 AUG. 2009

필리핀에서 파인애플 가공업에 종사하고 있는 양대 회사는 Del Monte Foods('Del Monte')와 Dole Food Company('Dole')이다.

필리핀의 파인애플 생산량은 최근 5년간 연평균 4.23%씩 증가하고 있으며 재배면적은 연평균 3.71%, 생산성은 연평균 0.54%씩 증가하고 있다.

최근 3년간(2005~2008년) 필리핀의 파인애플 생산량은 연평균 7.3%씩 증가하였다.

국민 1인당 파인애플 소비량은 9.25kg에서 10.60kg으로 연평균 4.6%씩 증가하였으며, 수출은 연평균 11.4%씩 증가되었다.

2008년의 필리핀의 파인애플 총 공급량은 수출 13.2%, 가공은 38.2%, 식용소비는 43.4%, 그리고 사료 및 감모량 5.2% 등의 순으로 소비되었다.

표(3-42) 필리핀의 파인애플 공급과 소비 동향(2005~2008)

단위: 톤, %

항 목	2005	2006	2007	2008	비중	연평균 증가율
총공급	1,788,218	1,833,908	2,016,462	2,209,337	100.0	7.3
생산	1,788,218	1,833,908	2,016,462	2,209,337	100.0	7.3
수입	–	–	–	–	–	–
총소비	1,788,218	1,833,908	2,016,462	2,209,337	100.0	7.3
수출	210,754	262,133	276,400	291,676	13.2	11.4
사료 및 감모	94,648	94,307	104,404	115,060	5.2	6.7
가공	694,084	691,581	765,627	843,771	38.2	6.7
식용	788,732	785,887	870,031	958,830	43.4	6.7
1인당 소비량(kg/year)	9.25	9.04	9.82	10.60		4.6

자료: BAS, Selected Statistics on Agriculture 2008.

(3) 코코넛

코코넛은 2007년 현재 1,485만톤 규모를 생산하여 이용하는 필리핀의 중요한 열대과일이며 수출량은 대단히 미미하다.(2007년 현재 793톤)

코코넛은 종자용(1%)을 제외하고는 전부 가공되어 이용되는데 2007년도 현재 비식용가공량이 57.5%로 식용가공량 42.5%보다 많다.

식용소비량은 연간 594만톤이 이용되는데, 국민1인당 식용소비량은 8.5kg 내외를 유지하고 있다.

표(3-43) 코코넛의 공급과 소비동향(2005~2007)

단위: 톤, %

항　목	2005	2006	2007
총공급	14,824,585	14,957,910	14,852,927
생산	14,824,585	14,957,910	14,852,927
수입	–	–	(1mt 미만임)
총소비			
수출	2,963	2,147	793
종자	148,246	149,579	148,529
가공			
– 식용	5,929,834	5,983,164	5,941,171
– 비식용	8,003,676	8,076,112	8,020,152
1인당 소비량(kg/year)	8.68	8.59	8.38

자료: Selected Statistics on Agriculture 2008. Bureau of Agricultural Statistics(BAS)

(4) 고무나무

고무나무는 2008년 현재 필리핀 전체적으로 123,260ha가 식재되어 있고 3,700만그루에서 고무를 채취하고 있으며 식재밀도는 ha당 300그루 정도이다.

고무 생산량은 2008년 현재 41만1,000톤이고 2005~2008년 연평균 10.1%씩 증가하였다.

식재면적은 2005~2008년 연평균 16.8%가 증가하였고 생산성은 지난 4년 평균 3.6톤/ha이고 지난 4년간 연평균 4.48%씩 생산성이 저하되었다.

표(3-44) 고무의 생산량과 재배면적, 생산성 추이(2000~2008)

종 목	2000	2005	2006	2007	2008	연평균 성장률('05~'08)
생산량(mt)	216,309	315,636	351,556	404,072	411,044	10.08
재배면적(ha)	81,036	81,925	94,347	110,972	123,260	16.82
채취나무 수	25,250,262	29,147,736	30,123,884	35,030,731	37,030,656	9.01
생산성(mt/ha)	2.67	3.85	3.73	3.64	3.33	△4.48
생산성(kg/bearing tree)	8.00	10.83	11.67	11.53	11.10	0.83
재배밀도	311.59	355.79	319.29	315.67	300.43	△5.19

자료: Bureau of Agricultural Statistics

고무나무 한 그루당 수확량은 11.1kg이고 최근 4년간 연평균 0.8%씩 수확량이 증가하였다. ha당 수확량은 3.3~3.8mt이었다.

필리핀 전체의 고무 생산량 중에서 5대 주산지역의 생산량 점유율은 86.8%이다.

가장 큰 고무나무 주산지는 North Cotabato주로 전체의 39.7%를 생산하며, 그 다음이 Zamboanga Sibugay주로 전체의 28.4%를 생산하며, Zamboanga del Sur주(7.4%), Basilan(7.5%)순이다. 5대 주산지 이외의 주에서 생산되는 고무는 전체의 13.2%에 불과하다.

단위: 톤, %

지역명	2005	2006	2007	2008	3년 평균	'05~'08 성장률	비율
필리핀 전체	315,636	351,556	404,072	411,044	388,890	10.1	100.0
5개 지역 합계	268,857	304,007	356,448	356,666	339,040	10.9	86.8
Zamboanga del Sur	49,461	50,305	69,290	30,519	50,038	−12.8	7.4
Zamboanga Sibugay	80,416	85,835	89,516	116,599	97,317	15.0	28.4
North Cotabato	99,810	129,318	156,388	163,220	149,642	21.2	39.7
Agusan del Sur	16,550	14,693	15,340	15,465	15,166	−2.2	3.8
Basilan	22,619	23,856	25,914	30,864	26,878	12.1	7.5
Others	46,779	47,549	47,624	54,378	49,850	5.4	13.2

자료: Bureau of Agricultural Statistics

2008년도 고무의 총 공급량(45만8,752톤)중에서 수입이 차지하는 비중은 10.4%에 해당하는 4만7,708톤으로, 수입량은 2007년 이후 크게 증가하였다.

2008년도 국내 소비된 고무는 총 공급량의 94.1%에 해당하는 43만1,886톤이었으며 나머지 5.9%에 해당하는 2만6,866톤은 수출 수요에 충당되었다.

표(3-46) 고무의 수급동향(2004~2008)

단위: 톤

연도	공급			수요	
	생산	수입	총 공급량	수출	국내 수요
2004	311,294	1,014	312,308	44,835	267,473
2005	315,636	3,478	319,114	42,439	276,675
2006	351,566	8,919	360,485	33,915	326,570
2007	404,072	48,441	452,513	31,474	421,039
2008	411,044	47,708	458,752	26,866	431,886
5년간 평균	358,722	21,912	380,634	35,906	344,729

자료: Bureau of Agricultural Statistics

고무의 농가판매가격은 2008년 평균 40.44PHP/kg으로 지난 3년간(2005~2008년) 연평균 17.75%씩 가격이 상승하였다.

지난 4년간(2005~2009년) 연중 고무가격은 6월의 농가판매가격 상승률이 38.43%로 가장 높았고 12월과 1월의 판매가격상승률이 6.8% 내외로 가장 낮았다.

표(3-47) 고무의 월평균 농가판매가격(2005~2009)

단위: PHP/kg, %

항목	2005	2006	2007	2008	2009	연평균 증가율 ('05~'08)
1월	24.42	31.32	34.36	38.67	24.88	19.45
2월	25.63	32.91	43.4	40.17	23.61	18.91
3월	23.91	33.74	39.89	41.78	23.16	24.91

항목	2005	2006	2007	2008	2009	연평균 증가율 ('05~'08)
4월	24.67	38.27	40.82	42.51	25.59	24.10
5월	26.43	40.15	41.13	45.11	26.75	23.56
6월	24.45	46.20	38.56	52.64	26.30	38.43
7월	23.75	44.01	35.63	50.61	.	37.70
8월	25.49	43.36	35.87	49.04	.	30.80
9월	27.44	35.35	36.65	48.28	.	25.32
10월	29.30	30.85	37.99	26.67	.	△2.99
11월	30.05	30.03	37.97	27.93	.	△2.35
12월	31.07	26.10	37.22	21.84	.	△9.90
연평균	26.38	36.02	38.29	40.44	25.05	17.75

자료: Bureau of Agricultural Statistics

국제 천연고무 가격은 2002년 초부터 지속적으로 상승하기 시작하여 2008년 6월에는 $3,241.68/톤까지 상승하였다가 최근에는 $1,600/톤 수준에서 거래되고 있다.

표(3-48) 국제 천연고무 가격(2000~2009년)

단위: 달러/톤

2000	2001	2002	2003	2004	2005	2006	2007	2008	2009	최근 3년 평균
668	575	765	1,083	1,305	1,502	2,107	2,290	2,614	1,540	2,148

자료: FAO, 「Food Outlook」, 2009,6.

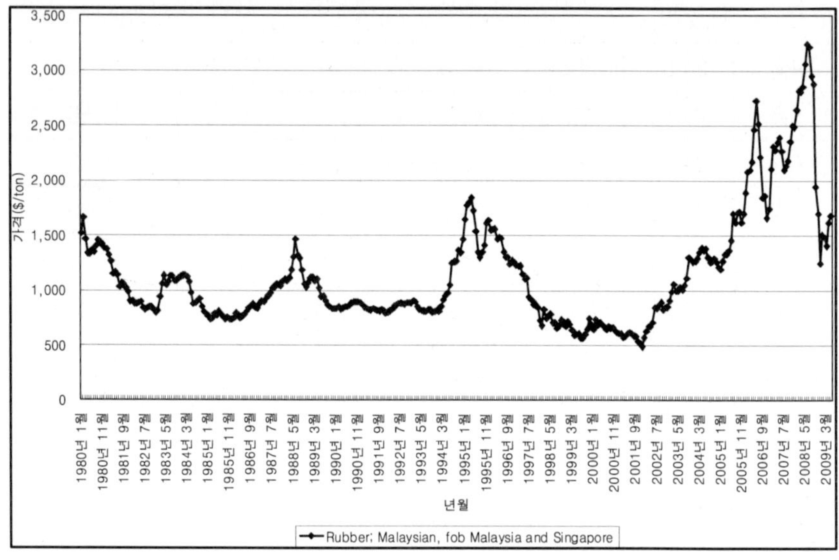

자료: IMF Primary Commodity Prices
가격기준: Malaysian Natural Rubber, FOB Malaysia and Singapore

5) 바이오에너지 원료작물

(1) 카사바

카사바는 대극과(大戟科, Euphorbiaceae)의 식물로, 남미가 원산지이며, 'yuca', 'manioc(마니옥)', 'mogo', 'mandioca' 등으로도 불린다.

필리핀에서 카사바는 타갈로그(Tagalog)어로 'kamoteng kahoy', 비사야(Visayan)어로는 'balinghoy'로 불린다.

카사바의 뿌리에서 추출한 전분이 바로 '타피오카(tapioca)'이다. 카사바는 높이가 1.5~3m이고 줄기의 지름이 2~3cm이며, 가지가

비교적 많이 갈라지지 않으며, 잎은 어긋나고 잎자루의 길이는
10~20㎝이며 손바닥 모양으로 깊게 갈라진다.

그림(3-11) 카사바(Cassava) 도감

　카사바의 재배방법으로는 주로 꺾꽂이가 이용되는데, 줄기를
30~40㎝ 길이로 잘라서 1m 간격으로 심으면 뿌리가 내리고
6~12개월 이내에 고구마 같은 덩이뿌리가 달리는데 이 덩이뿌리
는 사방으로 퍼지고 고구마처럼 굵어진다. 길이가 30~50㎝, 지름
이 20㎝이며, 바깥 껍질은 약 1㎜ 두께의 갈색이고 내부는 노란빛
이 도는 흰색이다.

　덩이뿌리에는 20~25%의 녹말이 들어 있고, 칼슘(50㎎/100g),
인(40㎎/100g), 비타민(25㎎/100g)등이 풍부하게 들어 있지만,
단백질이나 다른 영양소는 적다.

　카사바를 세절(細切)하여 말린 카사바 칩을 가장 많이 수입하는
나라는 중국으로 태국, 베트남, 인도네시아의 3개국으로부터 카사
바 칩을 전량 수입하고 있다.

표(3-49) 주요 국가별 카사바 칩(Cassava Chip) 수입량

단위: 톤

국가/연도	2000년	2002년	2004년	2006년	비중
중국	256,676	1,760,427	3,473,061	4,950,365	88.5%
한국	291,791	156,770	460,373	268,316	4.8%
스페인	1,300,236	595,856	803,695	153,281	2.7%
미국	41,286	49,474	57,848	62,961	1.1%
벨기에	774,612	528,356	602,556	38,383	0.7%
네덜란드	1,349,469	471,835	774,826	31,225	0.6%
포르투갈	268,959	118,857	192,615	28,165	0.5%
일본	18,793	14,112	30,027	19,905	0.4%
말레이시아	41	140	12,723	6,381	0.1%
프랑스	78,983	2,439	105,292	5,076	0.1%
세계	4,773,412	3,722,993	6,672,164	5,591,982	100.0%

자료: FAOSTAT(http://faostat.fao.org)

중국은 2006년 기준 전 세계 수입량의 88.5%인 495만365톤을 수입하였으며, 특히 태국은 중국이 수입하는 물량의 80.8%를 수출하였다.(2005년)

우리나라는 중국 다음으로 많은 카사바 칩을 수입하고 있는데, 2006년에는 전 세계 수입량의 4.8%인 26만8,316톤의 카사바 칩을 수입하였다.

표(3-50) 주요 국가별 카사바 전분(Cassava Starch; Tapioca) 수입량

단위: 톤

국가/연도	2000년	2002년	2004년	2006년	비중
중국	438,728	647,041	1,087,709	1,138,697	54.4%
인도네시아	205,988	25,754	55,807	304,897	14.6%
말레이시아	86,753	81,970	113,837	146,711	7.0%
일본	115,667	115,462	130,121	122,494	5.8%
홍콩	46,121	62,327	81,703	59,272	2.8%
싱가포르	35,222	40,305	45,108	48,834	2.3%
필리핀	11,489	43,102	46,066	36,793	1.8%
방글라데시	14,000	17,835	22,968	26,412	1.3%
미국	22,361	16,366	20,882	24,852	1.2%
남아프리카	2,776	8,452	22,421	24,722	1.2%
러시아	669	10,529	28,850	21,095	1.0%
한국	4,030	9,051	10,289	18,110	0.9%
세계	1,038,412	1,147,862	1,816,578	2,095,001	100.0%

자료: FAOSTAT(http://faostat.fao.org)

　중국은 카사바 칩뿐만 아니라 카사바 전분인 타피오카의 최대 수입국이다. 중국은 2006년 기준 전 세계 타피오카 수입량의 54.4%인 113만8,697톤을 수입하였으며, 그 다음으로는 인도네시아가 14.6%인 30만4,897톤의 타피오카를 수입하였다.

　FAO에 의하면, 2004년 세계 카사바 생산량은 2억361만8,000톤이며, 이 가운데 아프리카가 53%(1억847만톤), 아시아가 30%(6,024만5,000톤), 남미가 17%(3,472만7,000톤)를 차지하고 있다.

　아시아지역 최대의 생산국은 태국으로 2004년에 2,144만톤을 생산하였으며, 그 다음으로는 인도네시아로 1,942만5,000톤을 생산하였다.

　전 세계의 카사바 생산량의 53%는 아프리카에서 재배되며 2004년 기준 필리핀은 전 세계 생산량의 0.8%, 재배면적의 1.15%를 차지하고 있다.

표(3-51) 국제 카사바 생산량, 면적 및 단수(2004)

단위: 천톤, 천ha, MT/ha

	생산량	재배면적	생산성
세계	203,618	18,475	11.02
아프리카	108,470(53%)	12,252	8.85
남미	34,727(17%)	2,696	12.88
아시아	60,245(30%)	3,511	17.16
－ Cambodia	362	23	16.09
－ China	4,216	251	16.81
－ India	6,700	240	27.92
－ Indonesia	19,425	1,255	15.47
－ Malaysia	430	41	10.49
－ Philippines	1,640	206	7.97
－ Sri Lanka	221	23	9.54
－ Thailand	21,440	1,057	20.28
－ Vietnam	5,573	384	14.53

자료: FAO STAT, April 2006.

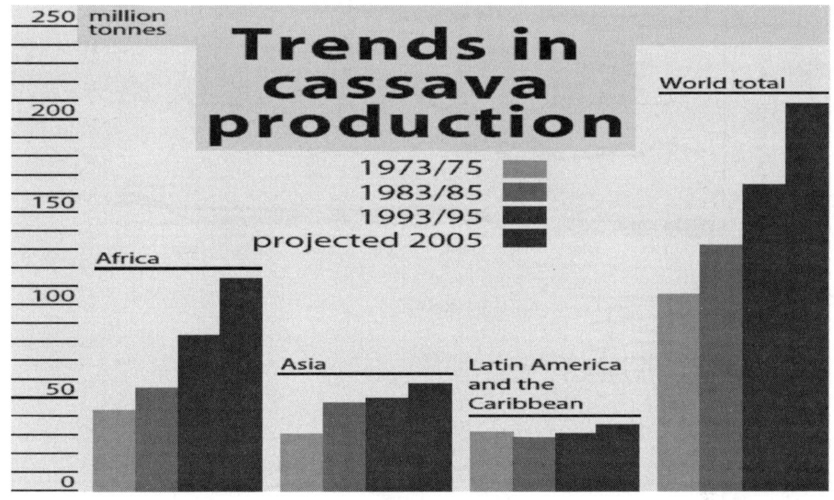

자료: FAO

필리핀은 아시아지역에서 태국, 인도네시아, 인도, 베트남, 중국 다음의 제6위 카사바 생산국이며, 필리핀의 카사바 생산성은 전 세계 평균의 72.3%, 아시아지역 평균의 46.4%로 대단히 낮은 편이다.

2002년 기준 카사바의 ha당 농가 조수입은 2만4,838(PHP)이고 순수익은 1만3,138(PHP) 순수익/생산비 비율은 1.12로 비교적 높은 편이다.

카사바 kg당 생산비는 1.49(PHP)이고 ha당 수확량은 7,860kg이며 농가 판매가격은 kg당 3.16(PHP)이다.

그림(3-13) 각국의 카사바 생산량 및 단수의 변동추이(1961~2005)

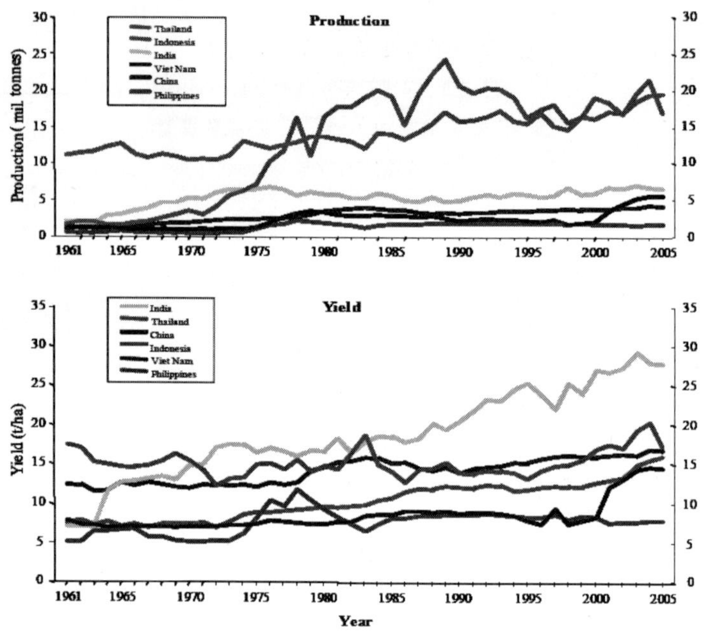

표(3-52) 카사바 ha당 수익성 분석(2002)

구 분	금액(PHP/ha)	비 고
조수입(A)	24,838	
생산비(B)	11,700	토지세: 27, 토지용역비[2]: 346PHP/ha
순수익(C=A−B)	13,138	
순수익/생산비(C/B) 비율	1.12	
* kg당 생산비(PHP/kg)	1.49	
* ha당 수확량(kg/ha)	7,860	
* 농가판매가격(PHP/kg)	3.16	

주2: 토지용역비는 농지임차료 현급지급액, 농지소유자지분, 소유농지 임대료평가상당액을 합산
한 금액임.

자료: Updated Production Costs and Returns for Selected Agricultural Commodities Part
II: Other Selected Commodities 2000~2002, Bureau of Agricultural Statistics,
Department of Agriculture, Quezon City, 2003. 7.

 아시아 지중해의 진주, 필리핀

타피오카의 가격은 2006년 하반기부터 시작된 국제 곡물가격의 상승과 더불어 가파르게 상승하여 2008년 4월에는 $440/톤까지 상승하기도 하였으나, 최근에는 $300/톤 수준에서 거래되고 있다.

표(3-53) 국제 타피오카(카사바 전분) 가격(2000~2009)

단위: 달러/톤

2000	2001	2002	2003	2004	2005	2006	2007	2008	2009	최근 3년 평균
157	147	185	173	188	252	222	306	375	269	317

자료: TTTA(Thai Tapioca Trade Association), Tapioca Statch Price of the Weekly in

그림(3-14) 국제 타피오카(카사바 전분) 가격동향(1991~2008)

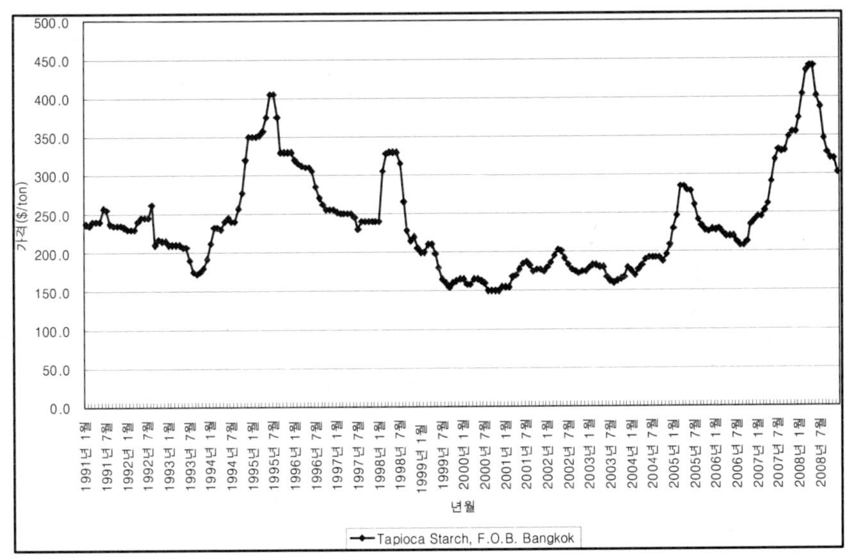

가격기준: Tapioca Starch, F.O.B. Bangkok, Thailand
자료: FAO International Commodity Prices

(2) 자트로파

자트로파는 중미(中美)의 카리브해(Caribbean) 지역이 원산지로 알려지고 있으며 포르투갈의 상인들에 의해 아시아, 아프리카 등의 열대 및 아열대지역으로 전파되었다. 오늘날에는 울타리의 용도 외에 토양 침식을 방지하거나 불모지를 개간하기 위한 용도, 그리고 특히 바이오디젤(biodiesel)의 원료인 식물성 기름을 얻기 위한 용도로 이용되고 있다.

그림(3-15) 자트로파 이용에 관한 삽화

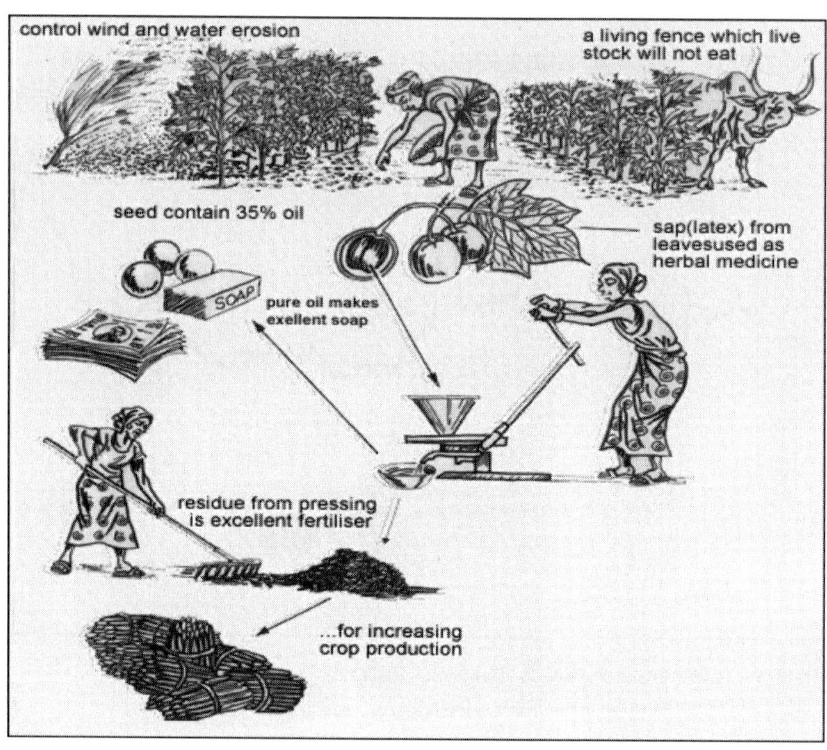

　필리핀에서　자트로파는 'kasla', 'tubatuba' 또는 'tubang bakod'로 불린다. 자트로파는 다년생의 관목(灌木)으로 5~7m까지 자라며, 평균수명은 40~50년에 달한다. 불모지를 비롯하여 역질(礫質), 사질(沙質), 염분 토양 등 토양의 형질을 가리지 않고 잘 자라며, 심지어 돌밭이나 암석의 갈라진 틈에서도 자란다.

　일반적으로 자트로파는 평균기온 20~28°C의 지역에서 잘 자라며, 배수 및 통기성이 좋은 사질 및 역질 토양을 선호한다. 토양의 깊이는 최소 45cm가 요구되고, 지표 경사는 30°를 넘지 않으며, 토양 pH(수소이온 농도)는 9를 넘지 않는 것이 바람직하다.

　자트로파는 씨앗을 이용한 종자번식(sexual propagation)과 꺾꽂이(揷木), 접붙이기(椄木), 휘묻이(取木) 등 영양번식(vegetative propagation)이 모두 가능하다.

　자트로파 Plantation에서는 10년마다 45cm의 그루터기만을 남기고 나무를 완전히 베어내는 것이 좋은데, 이렇게 하면 자트로파가 빨리 성장을 회복하여 1년 이내에 다시 열매를 맺기 시작하며, 장기적으로 열매의 수확량을 안정적으로 확보하는 데 도움이 된다.

자트로파 Plantation에서는 ha당 묘목수를 1,600그루(樹)로 출발하며, 성장과정에서 간벌(間伐)을 통하여 입목수(立木數)를 지속적으로 줄여나감으로써 최종 성숙단계에서는 입목수가 ha당 400~500그루가 되도록 하는 것이 바람직하다.

자트로파는 자체적으로 살충제 및 살균제의 성분을 함유하고 있기 때문에 병충해 방제작업이 거의 필요하지 않다. 자트로파는 식재(植栽) 후 9~12개월부터 열매를 맺기 시작하지만, 실제적인 수확은 2~3년이 지나서부터야 가능하다.

식재 후 2~3년 동안 수확량이 적은 문제를 해결하기 위한 방안의 하나로 자트로파를 옥수수 등 다른 작물과 간작(間作)하는 방법이 이용된다.

씨앗이 성숙되면 자트로파 열매의 색깔이 황갈색(yellow-brown)으로 바뀌게 되는데, 보통 개화 후 90일이 지나면 숙성되기 때문에 1년에 2~3회 수확이 가능하다.

자트로파 열매는 한꺼번에 숙성되는 것이 아니기 때문에 일정한 간격을 두고 손으로 수확이 이루어지며, 따라서 수확과정은 매우 노동집약적이다.

자트로파 씨앗 생산량은 약 3.5톤/ha 수준으로, 식재 후 첫해에는 약 0.4톤/ha, 3년 이후에는 5톤/ha 이상 생산된다.

자트로파 씨앗의 기름(oil) 함량은 원산지 및 생육환경에 따라 다르기는 하지만 보통 30~40% 수준이다.

자트로파는 아직까지 인위적으로 육성되지 않은 야생식물로서 지역 및 생육환경에 따라 생산량의 편차가 심한 편인데, 식재 후 3~4년이 지나면 연간 0.75~2kg/그루(樹), 0.8~6.6톤/ha의 생산량을 기록한 것으로 보고되어 있다.

자트로파 Plantation에서 5톤/ha의 생산량과 35%의 기름 함량을 가정할 경우 1.75톤/ha의 자트로파 기름을 생산할 수 있는 것으로 추정된다.

표(3-54) 자트로파의 원산지별 기름 함량

원산지	브라질	탄자니아	에티오피아	인도	감비아 (Gambia)	나이지리아
기름함량	30.9%	37.8%	38.8%	36.8%	32.7%	33.7%

기름을 짜고 난 자트로파 찌꺼기(jatropha cake)는 비료, 바이오가스(biogas)의 원료, 연료(charcoal) 등으로 사용한다.

자트로파 농사의 수익성을 일반작물과 비교하면 상대적인 수익성이 유리한 것으로 분석된다.

자트로파는 최근 들어서 주목받기 시작한 농작물이기 때문에 체계적인 통계자료가 거의 없는 실정이다.

자트로파 식재 후 4년생 순수입은 ha당 2만2,000페소로 밭벼(6,400페소), 땅콩(3,640페소), 고구마(1만6,000페소)보다 높은 것으로 분석된다.

표(3-55) 자트로파와 당년생 밭작물의 수익성 추정

구분	밭벼	땅콩	고구마	자트로파
수량(kg/ha)	1,800	720	9,000	7,500
가격(PHP)	8	12	3	5
조수입	14,400	8,640	27,000	37,500
총생산비	8,000	5,000	11,000	15,500
순수입	6,400	3,640	16,000	22,000

자료: Virgilio T.Villancio, Tubanggatong Series Voll, Oct.2006.

6) 가축사육과 수급동향

(1) 생산동향

2006년부터 2009년까지 매년 1월 1일 기준으로 파악한 축종별 사육규모에 따르면 물소, 육우, 돼지 등은 일정한 규모가 유지되고 있으나 염소, 양계 등은 지속적으로 성장하고 있다.

물소는 330만 마리, 비육우는 250만 마리 규모를 최근 3년간 유지하고 있는 가운데 젖소는 2006년의 1만 마리 규모에서 연평균 11.2%씩 증가하여 2009년에는 1만5,100마리로 증가하였다.

돼지는 연평균 1.40%씩 지속적으로 증가하여 2009년에는 1,359만6,000마리가 사육되고 있으며, 염소 사육규모도 연평균 3.80%씩 성장하고 있다.

가금류 중에서 양계는 연평균 6.04%씩 성장하고 있으나 오리 사육규모는 2006년 1,114만마리에서 2009년 1,062만마리 규모로 연평균 1.58% 감소되었다. 양계분야 중에서 육계가 연평균 19.41%씩 성장함으로써 가장 높았고, 그 다음이 산란계(5.94%)였으며 농가가 키우는 토종닭(투계 포함)은 연평균 0.19%씩 감소하고 있다.

표(3-56) 필리핀 축산 사육마릿수 현황(축종별 1월 1일 기준 사육규모)
(2006~2009)

단위: 천마리

종 목	2006	2007	2008	2009	연평균 성장률(%)
가축부문					
물소	3,361	3,384	3,339	3,320	△0.41
－ 젖소	13.4	13.2	13.4	13.6	0.50
비육우	2,520	2,566	2,566	2,566	0.61
－ 젖소	11.3	12.1	13.9	15.1	11.21
돼지	13,047	13,459	13,701	13,596	1.40
염소	3,763	4,049	4,174	4,192	3.80
－ 유양	1.1	0.9	0.9	0.9	△6.06
가금부문					
양계	134,333	135,640	154,259	158,663	6.04
－ 육계	35,987	38,408	52,231	56,942	19.41
－ 산란계	21,375	23,345	25,168	25,182	5.94
－ 토종계[1]	76,971	73,887	76,861	76,540	△0.19
오리	11,147	10,162	10,508	10,620	△1.58

1) 투계포함
자료: Selected Statistics on Agriculture 2008. Bureau of Agricultural Statistics(BAS)

최근 3년간(2005~2008년)의 축산물 생산동향을 살펴보면 생체중량 기준으로 가축은 연평균 1.28%씩 증가하고 가금은 1.46%씩 증가한 것으로 나타났다.

가축부문은 돼지(연평균 1.59%), 젖소(연평균 3.97%), 물소(연평균 1.72%), 염소(연평균 0.31%)가 증가했지만, 비육우가 연평균 1.03% 감소하였다.

　가금부문은 연평균 1.46%씩 증가했는데, 닭은 1.80%씩 증가하였으나 오리는 6.87% 감소하였다. 달걀은 3.17%씩 증가하였으나 오리알은 6.75씩 감소하였다.

표(3-57) 필리핀 축산 생산량(생체중량) 동향(2005~2009년 상반기)

단위: 천톤, %

종　목	2005	2006	2007	2008	'05~'08 성장률	2009 상반기
가축부문	3,323.3	3,368	3,424.5	3,468	1.28	1,677.4
물소	133.5	130.4	137.0	140.4	1.72	70.2
비육우	246.7	238.3	236.9	239.2	△1.03	117.9
돼지	1,771.3	1,836.1	1,886.0	1,855.7	1.59	900.4
염소	77.3	74.8	76.6	78.0	0.31	38.8
젖소	12.3	12.8	13.4	13.8	3.97	7.1
가금부문	1,215.7	1,206.0	1,211.6	1,281.3	1.46	613.2
닭	1,215.7	1,206.0	1,211.6	1,281.3	1.80	613.2
오리	49.4	46.0	42.5	39.2	△6.87	18.6
난류(卵類)	373.6	380.3	382.1	393.2	1.76	203.2
－ 달걀	320.3	330.3	335.1	350.8	3.17	183.2
－ 오리알	53.2	50.0	47.0	42.5	△6.75	20.0

자료: Selected Statistics on Agriculture 2008. Bureau of Agricultural Statistics(BAS)

　2008년 현재 축종별 생산액(경상가격 기준)을 기준으로 하여 축산생산규모를 살펴보면 돼지가 48.3%로 가장 높고, 그 다음이 양계로 31.0%, 계란이 8.9%, 비육우가 5.5%의 순이다.

　최근 3년간(2005~2008년) 필리핀 축산 생산액은 경상가격 기준으로 연평균 6.95%씩 성장하였는데, 가금부문의 성장률(7.82%)이 가축부문의 성장률(6.35%)보다 높다.

표(3-58) 필리핀 축산의 축종별 생산액(2005~2008)

단위: 백만페소, 경상가격

종 목	2005	2006	2007	2008	구성비(%)	연평균 성장률(%)
합 계	260,917.1	265,547.0	281,322.5	315,288.9	100.0	6.95
가축부문	154,618.3	155,372.8	163,074.7	184,062.2	58.4	6.35
물소	6,487.7	6,781.3	7,243.8	8,137.3	2.6	8.48
비육우	15,713.0	15,887.8	15,669.0	17,487.4	5.5	3.76
돼지	126,983.1	127,116.0	134,415.9	152,152.1	48.3	6.61
염소	5,090.3	5,220.9	5,354.7	5,873.4	1.9	5.13
젖소	344.2	366.7	391.4	412.0	0.1	6.57
가금부문	106,298.8	110,174.3	118,247.8	131,226.7	41.6	7.82
양계	79,687.2	81,739.3	87,406.3	97,856.7	31.0	7.60
오리	2,778.5	2,627.4	2,502.6	2,632.6	0.8	△1.75
달걀	20,820.8	22,951.9	25,414.7	27,926.4	8.9	11.38
오리알	3,012.3	2,855.7	2,924.2	2,811.0	0.9	△2.23

자료: Selected Statistics on Agriculture 2008. Bureau of Agricultural Statistics(BAS)

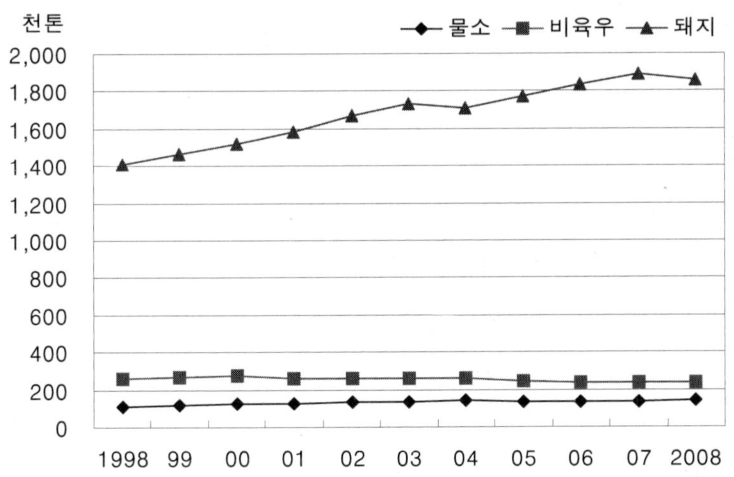

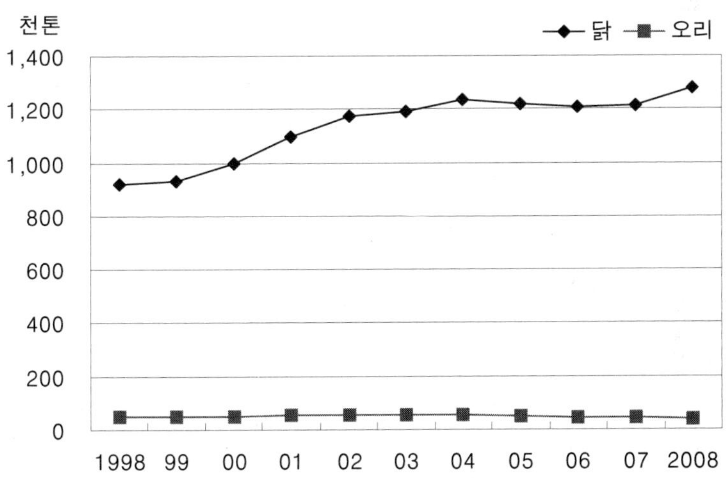

자료: BAS, CountrySTAT Philippines

가축 중에서는 물소(8.48%), 돼지(6.61%), 젖소(6.57%)의 순으로 성장률이 높았으며 비육우는 연평균 3.76%씩 증가하였다.

가금류 중에서 닭은 7.06%씩 성장하였으나 오리는 1.75%씩 감소하였다. 달걀은 11.48%씩 성장하였으나, 오리알은 2.23%씩 감소하였다.

필리핀의 축종별 주요 지역의 생산량 분포를 보면 인구가 많은 루손지역의 축산물 생산량이 가장 많았다.

물소의 38.9%, 육우의 45.9%, 돼지의 49.4%, 소의 45.9%, 닭의 65.8%, 오리의 61.7%, 달걀의 59.4%, 오리알의 55.7%가 루손지역에서 생산되고 있다.

표(3-59) 필리핀 주요 지역별 축산 생산량 분포(2008)

단위: 천톤, %

지역	물소	비육우	돼지	염소	닭	오리	달걀	오리알
필리핀 전체(천톤)	140.4	239.2	1,855.7	78.0	1,281.4	39.2	350.8	42.5
Luzon(%)	38.9	45.9	49.4	36.5	65.8	61.7	59.4	55.7
CAR	2.9	2.6	2.3	1.3	0.6	2.6	0.8	1.8
Ilocos	6.8	11.8	3.8	13.4	5.7	5.3	4.6	4.5
Cagayan Valley	9.3	5.5	3.7	2.9	2.7	13.2	2.7	11.6
Central Luzon	3.5	7.2	15.5	8.8	33.9	29.3	19.6	24.7
CALABARZON	4.3	8.9	15.5	3.9	20.7	7.1	26.7	8.9
MIMAROPA	5.2	4.5	3.3	3.0	0.7	0.9	1.2	0.9
Bicol	6.9	5.3	5.2	3.3	1.7	3.3	4.0	3.2
VISAYAS(%)	24.9	19.1	22.4	22.9	14.7	11.6	18.3	12.2
Western Visayas	14.2	7.9	9.0	10.1	5.8	7.4	7.2	8.8
Central Visayas	4.2	10.0	7.3	10.8	5.6	0.6	9.7	0.7

지역	물소	비육우	돼지	염소	닭	오리	달걀	오리알
Eastern Visayas	6.5	1.2	6.0	2.0	3.3	3.6	1.3	2.6
MINDANAO(%)	**36.2**	**35.0**	**28.1**	**40.6**	**19.4**	**26.7**	**22.3**	**32.2**
Zamboanga Peninsula	4.9	6.8	4.8	5.3	2.1	1.8	2.8	3.5
Nothern Mindanao	5.0	12.6	6.7	7.0	6.4	5.0	9.2	7.5
Davao Region	8.4	4.4	7.0	9.5	6.5	5.2	5.8	4.8
SOCCSKSARGEN	8.7	6.1	6.2	9.4	2.8	10.1	2.6	10.5
Caraga	3.2	0.5	2.9	2.0	1.1	0.9	0.8	1.2
ARMM	6.0	4.5	0.6	7.3	0.6	3.6	1.2	4.8

자료: BAS, Selected statistics on Agriculture 2009

(2) 주요 축산물의 수급동향

① 돼지고기

돈육의 최근 3년간(2005~2008년) 국내생산량은 연평균 4.5%씩, 그리고 해외수입량은 연평균 55.03%씩 증가함으로써 총 공급량은 연평균 5.59%씩 증가하였다.

수입량은 2008년 현재 전체 공급량의 4.9%의 점유비를 보이고 있으며 수입량 증가 속도가 대단히 빠르다.

돈육의 정육소비량은 연평균 5.11%씩 증가하고 있으며 가공량은 정육소비량의 1.4% 수준에 불과하다.

국민 1인당 돈육소비량은 연간 14.88kg으로 연평균 2.90%씩 증가하고 있으며, 내장 등 돈육부산물 소비량도 연평균 7.83%씩 증가하고 있다.

표(3-60) 돈육의 공급과 소비동향(2005~2008)

단위: 톤, %

항 목	2005	2006	2007	2008	연평균 증가율
총 공급	1,446,356	1,600,508	1,669,098	1,688,998	5.59
생산	1,415,041	1,564,957	1,616,715	1,605,984	4.50
수입	31,315	35,551	52,383	83,014	55.03
총 소비	1,446,356	1,600,508	1,669,098	1,688,998	5.59
수출	−	−	116	−	−
가공	16,980	18,779	19,401	19,272	4.50
정육					
식용 소비량	1,167,017	1,287,461	1,335,116	1,345,769	5.11
1인당 소비량 (kg/year)	13.69	14,80	15.07	14.88	2.90
내장 등 부산물					
식용 소비량	262,359	294,267	314,465	323,957	7.83
1인당 소비량 (kg/year)	3.08	3.38	3.55	3.58	5.41

자료: BAS, Selected statistics on Agriculture 2009

② 닭고기

계육은 총 공급량이 연평균 6.91%씩 증가하고 있으며, 생산은 연평균 6.26%씩 증가하고 있다.

계육 수입량은 연평균 22.3%씩 높은 속도로 증가함에 따라 2008년 현재 계육 총 공급량의 5.6% 수준에 해당한다.

표(3-61) 계육의 공급과 소비동향(2005~2008)

단위: 톤, %

항 목	2005	2006	2007	2008	연평균 증가율
총 공급	649,708	691,672	700,088	784,418	6.91
생산	623,498	658,043	661,752	740,660	6.26
수입	26,210	33,629	38,336	43,758	22.32
총 소비	649,708	691,672	700,088	784,418	6.91
수출	3,599	419	3,585	3,267	−3.07
식용소비	646,109	691,253	696,503	781,151	6.97
1인당 소비량(kg/year)	7.58	7.95	7.86	8.64	4.66

자료: BAS, Selected statistics on Agriculture 2009

계육의 식용소비는 연평균 6.97%씩 증가하고 있으며 1인당 계육 소비량은 연간 8.64kg으로서 연평균 4.66%씩 증가하고 있다. 한편, 계육의 수출은 일정한 경향치가 없으며 2008년 기준 수입량의 7.5% 수준이다.

③ 쇠고기

지난 3년간(2005~2008년) 쇠고기의 생산은 정체 상태인 데 비하여 수입은 빠른 속도로 증가하여(연평균 20.55%) 총 공급은 연평균 4.30%씩 증가하였다.

表(3-62) 쇠고기의 공급과 소비동향(2005~2007)

단위: 톤, %

항 목	2005	2006	2007	2008	연평균 증가율
총 공급	203,588	201,169	222,862	229,872	4.30
생산	172,759	167,473	178,041	180,035	1.40
수입	30,829	33,696	44,821	49,837	20.55
총 소비	203,588	201,169	222,862	229,872	4.30
수출	0	0	53	1	
가공	17,276	16,747	17,804	18,003	1.40
정육					
식용 소비량	162,382	160,185	179,063	184,065	4.45
1인당 소비량(kg/year)	1.91	1.84	2.02	2.03	2.09
내장 등 부산물					
식용 소비량	23,930	24,237	25,942	27,803	5.39
1인당 소비량(kg/year)	0.28	0.28	0.29	0.31	3.57

자료: BAS, Selected statistics on Agriculture 2009

쇠고기의 가공용도로의 소비량은 전체 소비량의 7.8% 범위로 소비량 증가 속도는 정체 상태이나 정육의 식용소비량은 연평균 4.45%씩 증가하고 있다.

국민 1인당 쇠고기 소비량은 2008년 현재 2kg으로서 돈육소비량의 13.6%, 계육소비량의 23.5% 정도에 불과한데 지난 3년간 연평균 2.09%씩 증가하였고, 내장 및 부산물 소비량은 연평균 3.57%씩 증가하였다.

5. 주요 농축산물 가격 동향

최근 3년(2006~2008년) 동안의 농축산물 생산자 가격동향을 2000년을 100으로 지수화하여 살펴보면 총 농축산식품 가격은 2006년의 130.9에서 2008년에는 161.9로 크게 올랐다. 2008년에 농축산물 가격지수가 크게 오른 이유는 국제유가 상승에 의한 국제농산물 가격의 급등(소위 애그플레이션)에 영향을 받았기 때문이다.

이 기간에 식품(곡물 및 음료)의 소비자 가격지수는 137.9에서 155.0으로 생산자 가격지수의 상승폭보다는 비교적 낮은 비율로 상승하였다.

표(3-63) 농산물 생산자 가격지수의 변화(2006~2008)

종 목	2006	2007	2008	연평균 증가율 ('06~'08),%
전체 종목	130.9	137.8	161.9	11.84
곡물	126.6	137.2	166.6	15.80
채소류, 콩류	132.6	121.4	175.4	16.14
구근, 괴경류	150.6	144.9	160.6	3.32
과일	112.0	109.4	126.0	6.25
기타 상업 작물	176.9	210.3	259.4	23.32
가축	134.5	137.7	155.1	7.66
가금	127.3	135.0	141.6	5.62
어류	117.7	121.4	145.6	11.60
식품소비자 가격 지수	137.9	141.8	155.0	6.20

자료: BAS, Selected statistics on Agriculture 2009

최근 3년간의 주요 농작물의 국내가격(생산자, 도매, 소매)과 세계가격의 변화 동향을 살펴보면 먼저 주요 곡물 중에서 쌀의 국제가격이 급등함에 따라서 생산자가격과 도소매가격이 최근 3년간 크게 올랐다. 옥수수 가격도 마찬가지 이유로 쌀보다는 낮지만 가격상승률이 높았다. 식용옥수수(White corn)의 생산자 가격은 소매가격보다 높은 비율로 상승했지만 사료용옥수수(Yellow corn) 가격은 소매가격 상승률이 생산자가격 상승률보다 높았다.

이 기간 국제 쌀가격(싸라기 비율 5%) 상승률은 2007년과 2008년 사이에 거의 2배 수준으로 급등하였고 옥수수 가격은 같은 기간 41.6%가 올랐다.

표(3-64) 주요 곡물의 국내가격과 국제가격의 변화(2006~2008)

종 목	2006	2007	2008	변화율 ('06~'08), %
국내가격(PHP/kg)				
쌀				
생산자	10.46	11.21	14.13	17.54
도매	21.39	22.59	29.81	19.68
소매	23.56	24.72	32.71	19.42
옥수수				
식용				
생산자	9.03	9.63	11.58	14.12
도매	11.42	11.88	13.71	10.03

종 목	2006	2007	2008	변화율 ('06~'08), %
소매	15.72	15.31	17.19	4.68
사료용				
생산자	9.11	10.09	10.79	9.22
도매	10.85	11.44	13.14	10.55
소매	14.65	15.79	18.18	12.05
국제가격(US$/kg)				
쌀				
5%쇄미	0.30	0.33	0.65	58.33
25%쇄미	0.28	0.31	0.53	44.64
35%쇄미	0.27	0.30	0.36	16.67
옥수수				
사료용	0.12	0.16	0.22	41.67

자료: BAS, Selected statistics on Agriculture 2009

곡물 이외의 주요 농작물의 가격도 곡물보다는 낮았지만 2007
년과 2008년 사이에 연중 평균생산자 가격에서 도매가격이 크게
올랐다.

표(3-65) 주요 농산물 연중 평균 가격(2006~2008)

단위: PHP/kg

종 목	2006	2007	2008
코코넛			
건조			
생산자	12.75	17.74	22.97
도매	12.06	17.04	21.12
숙성열매			
생산자	3.37	4.03	5.27
도매	11.89	12.41	14.64
소매	10.57	11.52	14
설탕(분밀당)			
생산자	22.08	21.53	21.16
커피(건조열매)			
로부스타			
생산자	45.6	57.14	67.96
도매	46.61	59.94	71.33
고무			
생산자	36.02	38.29	40.44
도매	34.29	38.18	39.55
바나나(Bungulan)			
생산자	4.58	4.71	5.17
도매	6.23	6.16	6.79
파인애플			
생산자	4.3	4.89	5.02
도매	6.7	7.09	7.68
소매	11.54	12.2	12.79
망고			
생산자	24.75	25.22	29.46
도매	38.27	36.5	44.87
소매	50.88	50.42	61.72
카사바			
생산자	5.15	4.85	5.36
도매	5.21	6.13	6.23

자료: BAS, Selected statistics on Agriculture 2009

주요 가축가격도 2007~2008년도의 사료가격 급상승에 영향을 받아서 연중 평균가격이 크게 올랐다.

돼지 농가판매가격과 돼지고기 소매가격이 각각 15.3%와 12.1%씩으로 가장 상승률이 높았고 그 다음 소 농가판매가격과 쇠고기 판매가격이 각각 10.7%와 7.5%씩 상승하였다. 육계가격은 농가 판매가격이 1.5% 내렸으나 도매가격은 11.7% 상승하였다.

표(3-66) 주요 가축 생체가격의 연중 평균가격 변화(2006~2008)

단위: PHP/kg

종 목	2006	2007	2008	'07~'08 상승률(%)
가축부문				
물소				
생산자(생체)	52.01	52.77	57.8	9.53
소				
생산자(생체)	66.61	65.93	72.98	10.69
도매(소고기)	178.44	185.92	199.92	7.53
돼지				
생산자(생체)	69.3	71.26	82.14	15.27
도매(돈육)	138.44	139.32	156.21	12.12
염소				
생산자(생체)	69.72	69.93	75.29	7.66
가금부문				
양계(브로일러)				
생산자(생체)	78.52	80.63	79.38	△1.55
도매	68.19	72.14	80.61	11.74
소매	90.19	91.95	100.03	8.79
오리				
생산자	63.88	67.1	73.85	10.06

자료: BAS, Selected statistics on Agriculture 2009

최근 2년간 필리핀의 비료가격도 급상승하였다.

필리핀의 비료가격(Dealer가격)은 한국보다 20~30% 높은 가격 수준에 거래되고 있다.

2007년에서 2008년 사이에 복합비료와 인산암모늄 비료는 2배 이상 올랐고 요소와 황산암모늄 비료는 각각 59.7%와 68.9%씩 상승하였다.

표(3-67) 비료 종류별 상인 판매가격(2006~2008)

단위: PHP/50kg1포

종목	2006	2007	2008	'07~'08 상승률(%)
요소	899.6	954.6	1524.8	59.7
황산암모늄	482.5	533.6	901.5	68.9
복합비료	754.7	801.5	1612.9	101.2
인산 암모늄	728.5	773.1	1564.6	102.4

자료: BAS, Selected statistics on Agriculture 2009

그림(3-19) 필리핀 비료가격 상승추이(1998~2008)

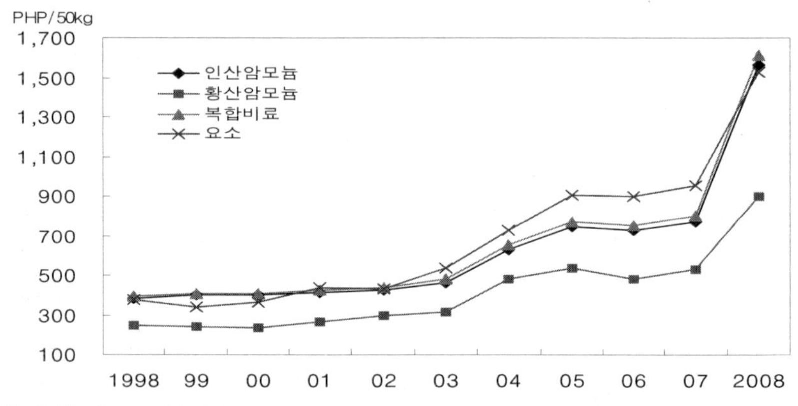

자료: BAS, CountrySTAT Philippines

04

필리핀 농업진출의 방향과 전략

제4장
필리핀 농업진출의 방향과 전략

1. 해외진출 농기업의 성공 가능성

해외농업 진출의 주체는 민간기업이다. 국가적인 입장에서는 해외농업개발을 통한 식량공급잠재능력의 확대와, 국내의 잉여 또는 유휴상태에 처하고 있는 농업기술 인력과 자본재산업의 새로운 고용기회 창출의 필요성이 대단히 크고 중요한 과제이긴 하다. 그러나 중요한 것은 해외진출기업의 성공 가능성이 낮다면 해외농업 진출은 활성화되기 어렵다는 점이다.

해외진출 농기업의 성공 가능성은 다음과 같은 요인에 의해서 크게 영향받게 된다.

첫째, 농업자원(토지, 노동, 자본)을 유리한 조건으로 확보, 이용할 수 있어야 한다.

세계경제는 국경이 따로 없는 글로벌(Global) 경쟁시대에 진입해 있고 농산물시장도 예외가 아니다. 국제경쟁력을 갖추지 못한 농산물은 시장경쟁과정에서 도태될 수밖에 없다. 농업생산의 국제경쟁력을 확보할 수 있는 기본조건은 경쟁력 있는 생산을 가능하게 하는 농업생산자원 이용조건이다.

무엇보다, 좋은 조건으로 농지를 확보·이용할 수 있어야 한다. 필리핀에서 대규모 농지를 값싼 임대료로 확보할 수 있는 길은 유휴화되고 있는 공유지나 원주민 농지를 임차하는 것이다. 이 경우 고려해야 할 일은 농지개발비용이다. 개간작업을 비롯하여 관·배수시설, 농로시설 등 농지개발비용을 고려하여 토지를 확보하는 것이 중요하다. 아무리 싼 농지임대료 조건이라 할지라도 농지개발비용이 너무 많이 소요된다면 궁극적인 농지임대료는 비싸질 수밖에 없다.

다음으로, 노동력 이용조건을 고려해야 한다. 임금 등 고용조건뿐만 아니라 숙련, 미숙련 노동력 확보 가능성도 같이 검토해야 한다. 고용과 해고 등에 관련된 고용제도도 살펴야 한다.

기온, 강수량, 토질 등 농업생산 환경조건과 농업용 자재 확보조건 등도 도입예정작물의 종류에 따라 사전에 충분히 검토해서 생산물의 생산비를 국제경쟁력을 확보할 수 있는 수준으로 유지시킬 수 있는지를 확인해야 한다.

둘째, 농장생산물의 시장조건이 좋아야 한다. 값싸고 질 좋은 농산물을 생산할 수 있다고 하더라도 효과적인 시장화에 실패하면 성공할 수 없다.

이를 위해서는 내수(內需)시장과 수출시장 확보 가능성을 점검해야 한다. 또한 현지의 농축산물 유통시스템과 시장진입비용과 함께 도로, 항구, 수송 등 농산물 물류조건을 검토해야 한다. 필리핀은 내수시장 규모가 크고 동남아 개도국 중에서는 물류조건도 좋은 편이다.

셋째, 외국인의 농업투자에 대한 현지 정부의 관련 제도와 관행을 점검해야 한다.

필리핀은 오랜 식민지 통치를 받아왔기 때문에 모든 제도가 대부분 국제규격화(Global standardization)되어 있고 개방적이어서 해외투자가들에게는 비교적 유리한 환경조건을 갖추고 있다고 할 수 있다. 특히, 농업부문에 대한 해외투자는 필리핀 정부 차원에서 적극적으로 환영하고 있으므로 큰 어려움 없이 연착륙할 수 있는 이점이 있다. 그러나 국내 치안이 불안정한(회교도 반군문제 등) 점과 공무원의 소극성 등을 극복할 수 있어야 한다. 또한 해외 농업투자자들에 대한 정부 차원의 특혜적인 다양한 지원시책을 활용하기 위한 사전적인 준비도 계획단계에서부터 갖추어야 한다.

이상의 논의내용을 요약하여 필리핀의 농업투자환경을 정리하면 그림(4-1)과 같다.

그림(4-1) 필리핀의 농업투자환경

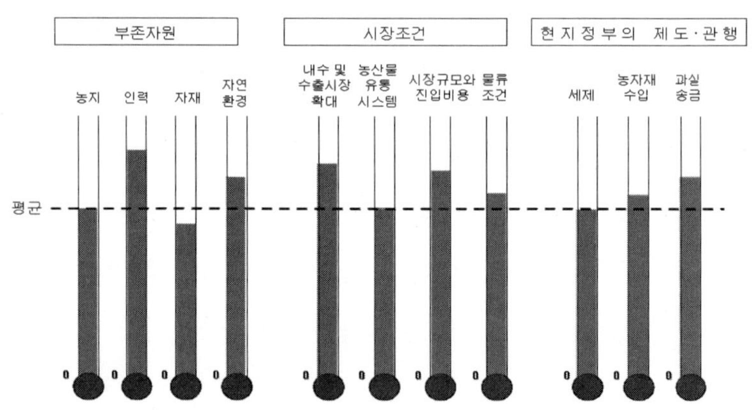

필리핀의 농업투자환경 중에서 농업인력자원은 임금 수준이나 인력 확보 면에서 국제 평균 수준보다는 유리한 편이고 기온, 강우량 등 자연조건도 2~3모작이 가능하므로 유리한 수준이라 할 수 있다. 그러나 농지는 유리한 조건에 대규모로 확보하기가 어렵기 때문에 평균 수준이라 할 수 있고 농업투입재산업(Input Industry)의 미발달로 농업자재는 평균 이하의 수준이라 평가할 수 있다.

특히, 필리핀의 농산물 시장조건은 내수시장의 규모가 크고 수출시장 확대 가능성이 높으며 개방적인 사회이므로 시장진입비용도 낮아서 비교적 훌륭하다고 할 수 있다.

필리핀 농업 진출과 관련하여 정부의 제도와 관행 역시 외국인 투자자에게 비교적 우호적이며 국제규격에 적합한 수준이므로 비교적 훌륭하다고 할 수 있다.

2. 필리핀 농업의 당면과제

필리핀 농업부문이 필리핀 경제에서 차지하는 비중은 1960년대의 30%대에서 2000년대에는 15%대로 절반 이하 수준으로 감소하고 있음에도 불구하고 여전히 농업은 필리핀 경제발전과 빈곤감소를 위한 핵심적인 분야로 인정되고 있다. 빈곤 인구의 대략 3/4이 농촌지역에 살고 있으며, 그들의 주된 소득원과 고용기회의 원천이 농업부문이다. 그러나 지난 40여 년간의 농업성장률은 1960년대의 4.3%, 1970년대의 3.9%, 1980년대의 1.0%, 1990

년대의 1.6%등으로 대단히 낮았다. 특히 필리핀 국민의 주식곡물인 쌀과 옥수수의 성장률은 1990년대에 들어서 정체 내지 하향 추세를 지속해 왔다.

이에 따라 필리핀은 농업국가임에도 불구하고 식량순수입국으로 전락하여 2007/2008년에 발생한 국제식량위기에 즈음하여 식량문제로 인한 사회적 소요까지 발생했던 것이다.

그러므로 필리핀 농업부문이 당면한 제1과제는 식량 증산, 특히 쌀과 옥수수의 증산문제라 할 수 있다.

필리핀 국민의 과반수 이상이 농촌지역에서 살고 있다. 1985년에는 농촌거주인구가 전체의 61.3%였으나 산업화의 영향을 받아서 농촌 인구는 지속적으로 감소하여 2000년에는 전체의 51.0%가 농촌지역에서 살고 있다. 2000년 현재 농촌지역의 빈곤 인구는 45.9%이지만 산업별 종사인구를 감안하면 농업 종사 빈곤 인구는 총 빈곤 인구의 61.3%를 차지하고 있다.

농촌의 계절적인 고용으로 인한 높은 수준의 잠재적 실업(Underemployment) 수준, 현대적 농업기술에 대한 불충분한 접근기회, 그리고 건강관리와 깨끗한 음용수, 적절한 가족계획에 대한 사회적 서비스의 부족 등에 노출되어 있는 점이 최빈가족의 특성이다.

특히, 농촌사회에서 영세한 가족농의 빈곤문제는 임금노동에 의존하는 농지 무소유 농가들의 경우와 마찬가지로 심각하다.

분야	1985	1991	1994	1997	2000	총빈곤인구에 대한 기여도
농업	57.5	51.9	49.9	42.3	45.9	61.3
광업	46.4	44.7	37.1	30.0	58.4	2.4
제조업	31.4	20.9	16.5	13.5	16.1	4.2
전기·수도	17.5	12.5	9.5	9.5	6.7	0.1
건설	39.6	33.8	34.5	23.1	29.8	7.7
무역	27.3	21.3	17.8	13.5	15.4	5.8
수송	27.8	22.6	21.2	13.7	18.2	6.1
재정	13.2	6.9	7.1	3.0	9.1	0.7
서비스업	20.0	15.2	12.7	9.9	10.5	4.3
실업	21.5	16.8	17.1	14.0	7.3	7.3

자료: Balisacan.A.M., 「poverty and inequality in the Philippines Economy: Development, Policies and challenges, New York, Oxford Univ. Press. 2003.」

필리핀 정부의 제2의 농업부문 당면과제는 가난을 줄이고 식량안보능력을 확보하며 나아가서 급속하고 지속가능한 경제성장을 성취하기 위한 수단으로서의 농업과 농촌지역사회 개발이다.

건강한 노동력은 필리핀 국민경제성장을 이끌 가장 중요한 요인으로 인식되고 있다. 이에 따라 국민들의 건강을 유지할 고급식품의 공급능력 제약이 사회적인 관심사가 되고 있다.

총 가구소비지출액 중에서 차지하는 식품비 지출 비율(소위 엥겔계수)은 1985년의 51.9%에서 2003년에는 42.8%로 줄고 있다.

그림(4-2) 농업성장과 복지향상의 연결구도

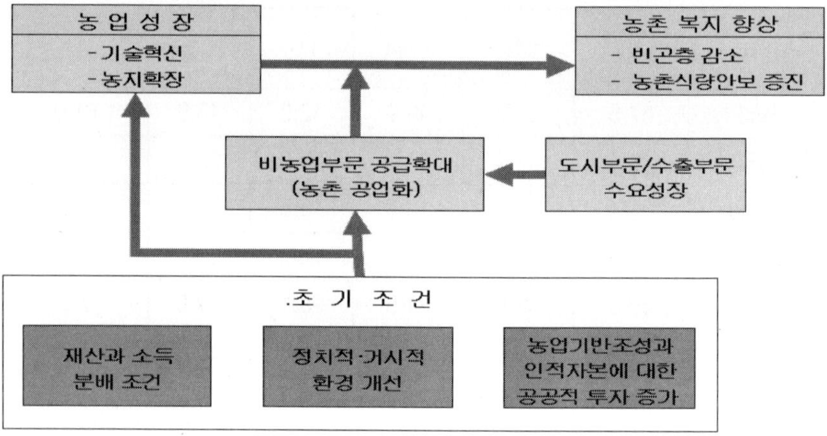

자료: Balisacan, 2003.

식품소비지출액 중에서 곡물소비지출액의 비중은 56.6%에서 25.7%로 20년 동안 절반 수준으로 감소되었으나, 과일·채소류와 육류소비 지출액의 비중은 두 배 정도로 확대되는 등 식품소비 고급화 추세가 진행되어 왔다. 특히 외식비는 3.6%에서 12.4%로 3배 이상의 높은 성장 추세를 보이고 있다. 그러나 소비가 증가하고 있는 육류, 채소, 유제품 등은 국내 생산이 뒤따르지 못하고 있기 때문에 해외의존도가 점차 심화되고 있다.

필리핀 정부의 농업부문 제3의 당면과제는 소비가 증가하고 있는 고급식품의 국내 공급량 증대를 통한 식품공급가격의 안정화와 수입 대체를 통한 외화절감문제인 것이다.

3. 농장 경영작목의 선정 기준

농장 경영작목의 합리적인 선정은 농장 경영의 성패와 농장의 장기적인 발전가능성을 결정짓는 가장 중요한 의사결정사항이다. 농장경영작목은 다음 3가지 조건을 충족시키는 방향으로 선정하는 것이 바람직하다.

첫째, 자연조건과의 적합성이 높은 경영작목을 선택해야 한다. 농장개발예정지의 토양, 토질, 강우량, 기온, 일조시간, 경사도 등 부존자연조건과 도입 예정 농작물의 생육과 결실조건 등이 적합한 농작물을 선정해야 한다. 일반적으로 현재의 영농(營農)형태와 식생(植生)상태를 참고하고 토양, 토질검사 등을 실시하여 선정하는 것이 바람직한데, 국제적인 비교우위를 확보하고 있는 품목을 선정하기 위해서는 현재 수준에서 수출되고 있는 종목을 선택하는 것이 바람직하다.

둘째, 국내외의 시장수요가 크고 수요가 확대될 전망이 밝은 경영작목을 선택해야 한다. 일반적으로 농장경영작물로 도입할 계획인 농축산물의 현재 및 장래의 국내수요나 수출수요에 대한 분석결과에 의해서 경영작물을 선정하는 방법이 행해진다.

이를 위해서는 현재의 시장수요 크기와 성장률 및 교역(수출, 수입) 규모 등을 참고하여 선정하는 것이 바람직하다.

셋째, 현지 정부와 한국 정부의 관심이 높은 경영작목을 선택해야 한다. 현지 정부의 권장종목 또한 한국 정부의 관심종목 중의 경영작목을 선택하면 농장 확보에서부터 생산물의 시장 진입에 이르기까지의 모든 과정에서 유·무형의 정책적 지원을 획득하는 데 유리하기 때문이다.

위에서 논의한 농장경영작목의 선택기준은 그림(4-3)과 같이 도시할 수 있다.

그림(4-3)의 세 가지 선택기준이 겹치는 부분에 해당하는 경영 품목을 선택하는 것이 최선이고 두 가지 선택기준이 겹치는 a, b, c에 해당하는 경영종목을 투자자의 주관적인 판단에 의해서 선택하는 것이 차선의 선택이 될 것이다.

위의 선택기준에 해당하는 농축산물 중에서도 자본회임기간(資本懷妊其間)이 짧고, 수익/비용 비율이 높은 품목을 결정하는 것이 합리적일 것이다.

그림(4-3) 농장 경영작목의 합리적인 선택기준

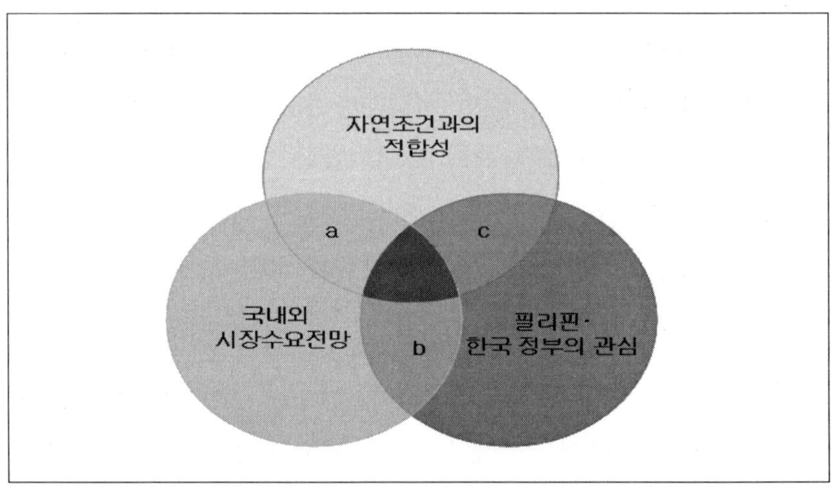

필리핀 농작물 중에서 위의 선택기준에 부합되는 농작물은 쌀, 옥수수, 카사바, 파인애플 등 당년생 작물과 바나나, 자트로파, 고무나무 등 영년생 작물이 포함될 것이다.

경종작물의 생산성 향상을 위해서는 부족한 현지의 비료수급상황을 감안할 때 지력(地力)배양을 위하여 가축분뇨를 이용하는 퇴비생산체계가 뒷받침되어야 하므로 축산은 작물재배와 동시에 도입되어야 할 전략종목이다.

육우는 육성단계(목초자원 활용), 비육단계(곡물사료 급여)로 나누어서 고품질화·브랜드육 생산으로 도시 고소득소비자시장에 대한 시장지배력을 확보하고 수출상품 및 수입대체상품으로 육성하는 전략을 선택하는 것이 바람직하다. 이를 위해서는 목초지 조성을 위한 넓은 유휴농지의 확보가 가능해야 할 것이다.

양돈부문은 돼지 사육을 위한 축산시설(모돈 및 비육돈사)뿐만 아니라 사료공장, 도축과 부분육 가공공장, 육가공공장 등 일관체제를 구축하여 증가하고 있는 내수시장을 확보하고 인근 ASEAN 국가의 시장을 주 대상으로 하여 수출시장을 개척하는 장기적인 발전전략을 선택하는 것이 바람직하다.

특히, 축산으로 생산되는 축분은 모두 비료자원으로 활용하고 농장 생산 사료작물의 일부와 부산물 등은 모두 사료자원으로 활용하는 경종과 축산의 순환농법체계를 지향하는 것이 바람직하다.

4. 필리핀 농업진출 유망품목

1) 식량작물

필리핀 국민의 제1주식곡물은 쌀이고, 쌀의 만성적인 부족현상을 보완하고 있는 제2주식곡물은 옥수수이다.

2008년 현재 생산액 기준으로 쌀은 전체 농작물부문에서 37.2%를 차지하는 가장 중요한 농가소득원이고, 옥수수는 11.9%를 차지하고 있는 두 번째 주요작물이다. 그러나 연중 이모작 생산이 가능한 기후조건임에도 불구하고 생산성이 대단히 낮기 때문에 수입에 의존하고 있으므로5) 필리핀 정부의 관심이 높은 작물이다. 이러한 배경에서 필리핀 진출을 위한 대상작물로 쌀과 옥수수를 검토한다.

(1) 쌀

2007년 쌀 수입금액은 6억5,350만US$로서 필리핀 총 수입액의 1.1%, 농산물총수입액의 13.3%를 차지하고 있다. 쌀의 수입액은 농산물 무역수지적자액의 37.3%를 차지함으로써 인구과잉 농업국인 필리핀의 가장 큰 현안과제가 쌀 증산문제인 것이다.

---

5) 옥수수는 현재 수준에서는 수입이 되지 않고 있으나, 쌀 수입량을 감소시키고, 사료곡물 수요의 증가에 대처하기 위하여 필리핀 정부가 권장하고 있는 작물이다.

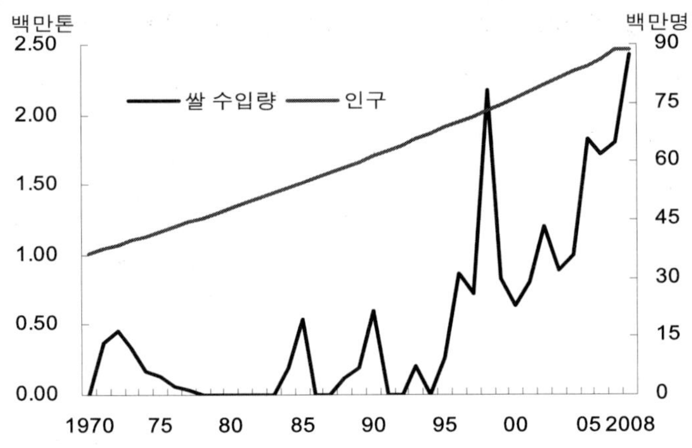

자료: FAOSTAT, http://faostat.fao.org
　　　BAS, CountrySTAT Philippines

필리핀의 쌀 수입문제는 쌀농사의 낮은 생산성의 발전에 반해서 높은 인구증가율로 인한 높은 소비증가율에 의하여 지난 35년간 더욱 악화되어온 문제이다. 한때(1997~1983)는 쌀 수출국이었던 필리핀의 인구 증가와 쌀 순수입량 증가 간의 관계는 그림(4-4)에 잘 나타나 있다.

2008년 쌀의 단위당 수확량(mt/ha)은 3.7로서 국제 수준(베트남)의 74% 수준에 불과하다. 그러므로 한국 기업이 필리핀의 수입대체산업으로 쌀 생산에 진출하기 위한 기본조건은 생산성의 비약적인 증가를 실현할 수 있는 생산기반 조성과 재배기술 혁신의 추진이다.

필리핀 전체 농지 중에서 경사도 3% 이내의 농경지 312만6,000

ha 중에서 2003년 현재 관개면적은 전체의 45% 정도인 139만 6,000ha에 불과하다. 대부분의 관개면적도 열악한 배수시설로 인하여 저지대의 경우 늪지대로 변해서 휴경되는 경우도 많다.

중부 루손의 평야지대는 필리핀의 주요 쌀 생산지이다. 그러나 포장 내 배수시설의 정비가 불량하여 침수 피해를 입고 있는 곳이 많다. 필리핀 국내에서 경지정리사업이 완전히 완성된 농지는 찾기 어렵다. 따라서 농기계화의 진척도도 낮아서 축력이나 인력에 의한 쌀농사를 짓고 있는 실정인 것이다.

한국 기업이 필리핀 쌀농사에 진입하기 위한 첫 번째 조건은 용배수로와 경지정리사업을 위한 농업기반조성 투자가 가능해야 한다는 것이다. 막대한 농업기반조성 사업비를 조달하기 위해서 필리핀 정부의 투자와 한국 정부의 개도국 해외협력자금의 지원을 확보하는 것이 선결과제가 된다.

벼 재배시기는 우기와 건기 등 이모작 재배가 일반적이다. 북부지방의 우기벼는 5~7월에 파종하여 10~12월에 수확한다. 건기벼는 1~3월에 파종하여 5~6월에 수확한다.

남부지방에서는 우기벼를 10~12월에 파종하여 3~5월에 수확하고, 건기벼는 5~6월에 파종하여 11~12월에 수확한다.

벼의 생산성을 향상시키기 위해서는 건기의 관수와 우기의 배수시스템을 갖추는 것이 필수적이다.

그림(4-5) 쌀 도매가격 변화 비교(1980~2007)

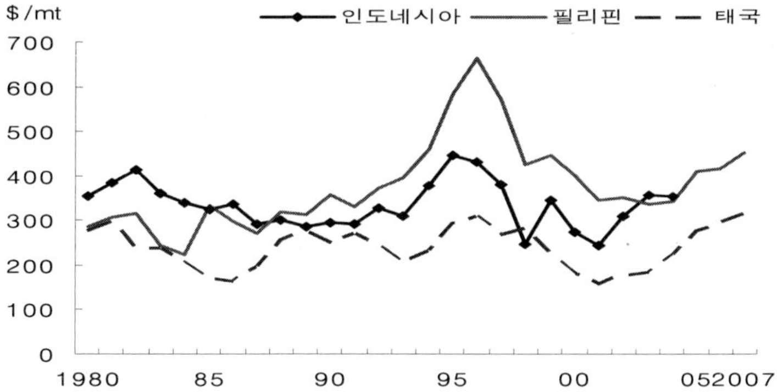

자료: IRRI World Rice Statistics

필리핀의 쌀 국내가격(도매가격) 수준은 다른 동남아 국가들의 수준보다 훨씬 높다. 이 때문에 WTO협상에서 한국과 같이 쌀의 관세화 유예를 선택하였으며, 1996~2000년 사이에는 국제가격의 2배 수준을 유지하기도 하였다.

한때는 쌀의 순수출국이었던 필리핀이 순수입국으로 전환되면서 높은 국내가격을 유지하고 있는 주된 이유는 쌀농사의 낮은 생산성에 기인한 낮은 농가소득을 지지하기 위한 정책 때문이다.

쌀농사의 낮은 생산성 문제를 해결하기 위해서는 소위 녹색혁명(Green Revolution)을 성공시킨 다수확 종자와 다비농법(多肥農法) 등의 선택이 가능해야 한다.

필리핀의 경우에서도 GR기술의 영향으로 1970~1980년의 기간 동안 쌀농사의 수량은 연평균 4.96%의 높은 속도로 성장했으나, 1990년 이후 2001년까지 GR기술의 발전을 뒷받침할 수 있

표(4-2) 필리핀 쌀농사의 ha당 수입과 생산비

단위: PHP/ha

구 분	건기		우기		평균	
	전체농지	관개농지	전체농지	관개농지	전체농지	관개농지
조수입	41,302	46,354	43,616	47,906	42,609	47,149
현금지출	12,675	14,196	12,811	14,525	12,699	14,267
비현금 비용	9,651	10,544	10,294	10,972	9,981	10,765
귀속비용	8,240	8,592	7,385	7,650	7,805	8,055
총비용	30,566	33,332	30,489	33,148	30,486	33,086
순수입	10,826	13,022	13,127	14,758	12,124	14,063
순수입/총비용	0.35	0.39	0.43	0.45	0.40	0.43
순수입/경영비	0.48	0.53	0.57	0.58	0.53	0.56
kg당 생산비(PHP)	8.20	7.98	7.91	7.83	8.02	7.87

자료: BAS, Selected statistics on Agriculture, 2008.

는 영농 기계화를 위한 농지기반 조성사업의 부진과 농자재산업 (비료·농약)의 발전 부진으로 다시 생산성 향상 속도는 1%대 이전으로 회귀되고 말았던 것이다.

한국 기업이 필리핀 쌀농사에 진출하기 위한 두 번째 조건은 쌀농사의 생산성 향상과 생산비 절감을 가능하게 할 대규모 영농체제 도입이다.

2007년도의 필리핀 쌀농사의 평균 ha당 조수입은 4만2,609페소였고 이 중에서 생산비는 71.5%인 3만486페소였으며 순수입은 1만2,124페소로 순수입/생산비 비율은 0.40이었다. 전체 농지 중에서 관개농지의 조수입과 생산비는 평균치보다는 약간씩 높았으나 순수입/생산비 비율은 0.43으로 다소 높았다.

2008년 한국 쌀농사의 ha당 수량은 5.2kg이고 조수입은 1,013만 3,000원이며 경영비 389만6,000원을 제외한 소득은 623만7,000원이었다.(농촌진흥청, 2008 농축산물소득자료집, 2009.8.)

한국 쌀농사의 경영비는 필리핀 총 생산비 중에서 귀속비용을 제외한 현금 및 비현금비용에 상당하는 개념이라 할 수 있다. 한국의 쌀농사 소득률(순수입/경영비)은 61.6%인데 귀속비용을 제외한 필리핀 쌀농사의 소득률은 53.4%로 현저하게 낮다. 페소화:원화의 교환비율을 1:30으로 가정할 경우의 필리핀 쌀농사의 ha당 조수입은 127만8,000원으로 한국의 12.6% 수준이고 쌀농사의 ha당 경영비(현금비용+비현금비용)는 68만원으로 한국의 17.4%수준이다. 말하자면 한국과 필리핀의 쌀농사 소득률을 비교하면 한국이 필리핀보다 높은데 그 이유는 필리핀의 쌀농사 경영비의 상대적인 비율이 높기 때문이라고 할 수 있다.

그러므로 주로 인력과 축력에 의존하여 생계유지 목적으로 영위되고 있는 필리핀의 쌀농사의 생산성을 높이고 생산비를 절감하기 위해서는 기계화된 대규모 벼 생산단지의 조성과 운영이 필수적이라는 것이다.

그러므로 한국 농기업체가 필리핀의 쌀농사에 진입할 경우에는 규모화된 경영으로 쌀 생산비를 절감시킬 수 있는 대규모 벼 생산단지 조성을 전제로 해야 할 것이다.

(2) 옥수수

2008년 옥수수 재배면적은 266만1,000ha로 벼 재배면적(446만ha)의 60%를 차지하고 있는 주요 작물이다. 쌀의 해외수입 의존도를 대체시킬 수 있는 식량작물로, 그리고 빠른 속도로 증가하고 있는 육류 수요를 충당할 수 있는 사료작물로 필리핀 정부의 옥수수 증산에 대한 관심도는 쌀에 못지않게 높다. 또한 한국 기업도 주로 지리적인 조건에 의한 수송비 절감 등의 이유로 옥수수농장 개발에 대한 관심이 높다.

2008년 옥수수의 단위당 수확량은 ha당 2.6톤으로서 태국(4.0mt/ha)의 65% 수준으로 대단히 낮다.

필리핀의 국토 중에서 전체면적(2,953만8,000ha)의 64.5%인 1,906만2,000ha가 산림지역이다. 산림지역의 65%는 삼림 벌채 후 휴경지대로 유휴되고 있어 필리핀 정부는 유휴산림지 개간을 통한 농지 확대에 관심이 높다. 따라서 적절한 경사도를 가진 구릉지대를 장기 임대하여 대규모의 옥수수 농장으로 개발할 수 있는 여지는 크다.

2007년 필리핀 옥수수 생산량(673만7,000톤)의 55.9%는 구릉지대가 많은 민다나오섬에서 생산되고 있고, 35.1%는 루손섬에서 생산되고 있다.

옥수수는 전체의 37.5%가 식용(White corn)으로 생산되고 있으며 나머지 62.5%는 사료용(Yellow corn)으로 생산된다. 옥수수는 연중 이모작 재배가 가능한데 7월과 12월 사이의 생산량 (59.2%)이 1월과 6월 사이의 생산량(40.8%)보다 높다.

옥수수 재배면적은 식용옥수수가 147만ha로 사료용(118만ha) 보다 1.24배 많지만 생산량은 사료용 옥수수가 1.66배나 많은 것 은 단위당 수확량의 차이가 크기 때문이다. 즉 단수(mt/ha)가 식 용생산량은 1.72인데 사료용 생산량은 3.57로 2배 이상 사료용이 많기 때문이다.(표(3-27) 참조)

1998년 이후 옥수수 생산량은 필리핀 정부의 증산정책에 힘입 어 급속히 증가하기 시작하여 10년 만에 2배로 증가하였다. 이 기 간 중에 옥수수 생산성도 1.5배 정도 증가하였다.

그림(4-6) 옥수수의 생산량과 생산성 변화 추이(1998~2008)

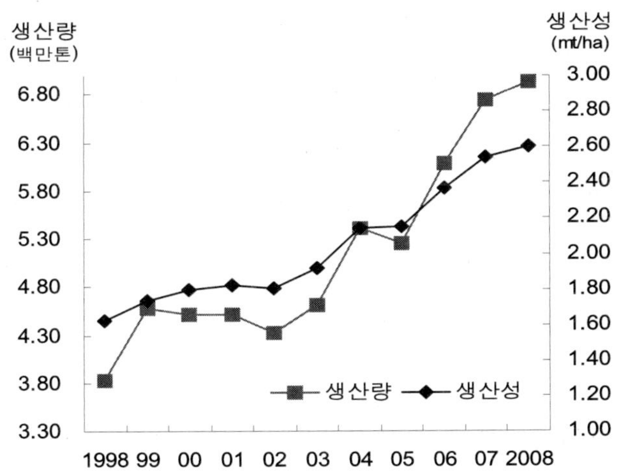

자료: BAS, CountrySTAT Philippines

표(4-3) 작기별 옥수수의 생산비와 소득(2008)

단위: PHP/ha

구 분	건기	우기	평균
조수입	31,885	26,330	28,748
현금비용	11,528	13,362	12,401
비현금비용	2,490	2,518	2,506
귀속비용	8,183	6,953	7,533
총비용	22,201	22,833	22,440
순수입	9,684	3,497	6,308
순수입/총비용	0.44	0.15	0.28
순수입/경영비 비율	0.69	0.22	0.42
단위당생산비(PHP/kg)	7.67	9.57	8.62

자료: BAS, Selected Statistics on Agriculture 2009.

옥수수의 ha당 생산액과 생산비는 평균 2만8,748PHP와 2만2,440 PHP로 단위당 순수입은 6,308PHP였다. 건기의 생산액이 우기의 생산액보다 높기 때문에 총비용에 대한 순수입의 비율은 평균적으로는 28%였으나 건기는 44%이고 우기는 15%로 훨씬 낮았다.

옥수수 생산소득을 식용(White Corn)과 사료용(Yellow corn)으로 나누어서 살펴보면 식용의 순수입/생산비 비율은 5% 수준으로 사료용(38%)보다 훨씬 낮았다.

그럼에도 불구하고 식용옥수수 재배면적의 비율이 사료용 옥수수의 그것보다 1.2배 이상 높은 것은 식용옥수수가 필리핀 국민의 제2의 식량작물이므로 농촌 주민의 식량문제 해결을 위한 생계형 농업이 진행되고 있기 때문인 것으로 판단된다.

표(4-4) 작기별 식용 옥수수(White corn) 생산비와 소득(2008)

단위: PHP/ha

구 분	건기	우기	평균
조수입	20,566	18,092	19,095
현금비용	7,890	9,647	8,723
비현금비용	2,100	2,223	2,163
귀속비용	7,974	6,703	7,273
총비용	17,964	18,573	18,159
순수입	2,592	−481	936
순수입/총비용	0.14	−0.03	0.05
순수입/경영비 비율	0.26	−0.05	0.10
단위당생산비(PHP/kg)	10.31	11.65	11.01

자료: BAS, Selected Statistics on Agriculture 2009.

표(4-5) 작기별 사료용 옥수수(Yellow corn)의 생산비와 소득(2008)

단위: PHP/ha

구 분	건기	우기	평균
조수입	41,090	36,944	38,984
현금비용	15,793	19,586	17,636
비현금비용	2,769	2,733	2,750
귀속비용	8,341	7,298	7,839
총비용	26,903	29,617	28,225
순수입	14,187	7,327	10,759
순수입/총비용	0.53	0.25	0.38
순수입/경영비 비율	0.76	0.33	0.53
단위당생산비(PHP/kg)	7.02	8.70	7.81

자료: BAS, Selected Statistics on Agriculture 2009.

한국의 2008년도 식용 노지 풋옥수수의 ha당 조수입은 1,124만원이고 경영비는 388만1,000원으로 순수입/경영비 비율은 65.5%였다.(2008 농축산물소득자료집, 농촌진흥청 2009.)

필리핀의 식용옥수수의 소득자료와 한국의 식용옥수수의 소득자료를 비교하면 한국 식용옥수수의 소득률(순수입/경영비)은 65.5%인데 필리핀의 식용옥수수의 소득률은 31.4%로 절반 수준에 불과하다.

PHP/원의 비율은 1:30으로 가정할 경우, 필리핀 식용옥수수의 ha당 조소득은 49만6,000원으로 우리나라의 4.4% 수준에 불과하고 순수입은 1% 수준에 불과하다. 그러나 필리핀 사료용 옥수수(황색종)의 경우에는 우리나라의 9.6% 수준이고 순수입은 5.7% 수준으로 올라간다.

한국 농기업이 필리핀의 옥수수농사에 진출하기 위한 첫 번째 조건은 사료용 옥수수 생산을 목표로 하여 국제 수준의 생산성 향상을 이룰 수 있어야 한다는 것이다.

이를 위해서는 다수성종자6)의 도입과 함께 옥수수가 다비성(多肥性)작물인 점을 감안하여 축산(양돈) 도입을 동시적으로 추진하여 축분을 경지로 환원하고, 옥수수 생산의 주·부산물을 사료자원으로 활용하는 자연순환적인 농업을 계획적으로 추진하는 것이 성공 가능성이 높을 것이다.

---

6) 이미 필리핀 민다나오 북부지역에는 다수성 hybrid품종이 도입되어 재배 중이다.

한국 농기업의 옥수수 농사 진출의 두 번째 조건은 옥수수 농사를 위한 적지를 선택해야 한다는 것이다.

옥수수 농사의 적지는 건기와 우기의 차이가 별로 뚜렷하지 않고 연중 강우량이 충분하여 따로 관개시설이 필요없으며, 유휴지가 많은 민다나오 북부지역을 선택하는 것이 바람직하다.

민다나오 북부 구릉지대에는 과거의 열대림 벌채 이후에 화전(火田)경작 방식으로 이따금씩 경작되는 유휴삼림지 또는 초원지가 많다. 유휴산림지대는 원주민 세습영토(Ancestral domain)로 원주민 보호청의 관리하에 있거나, 국유지가 대부분이므로 협상에 따라서 장기저비용 조건으로 임대가 가능한 지역이다.

한국 농기업의 필리핀 옥수수 농사 진출의 세 번째 조건은 장기적으로 국제경쟁력이 확보될 수 있는가를 세밀하게 따져야 한다는 것이다. 필리핀의 2009년 옥수수가격은 450~490US$/mt으로 형성되어 있으나 이는 국제가격 200~220US$/mt에 비하여 두 배 이상 높은 수준이다. 필리핀은 지리적으로 한국과 인접해 있어서 수송비 측면에서는 유리하다. 그러나 현저한 생산성 격차(미국의 1/3 수준)를 단기간 내에 극복하여 국제가격과의 격차를 효과적으로 줄일 수 없다면 필리핀 옥수수 농사 진출은 필리핀 내수시장을 충당하는 정도로 만족할 수밖에 없다. 그러므로 단기적으로는 필리핀의 내수시장을 목표시장으로 하여 농장을 운영하되, 비약적인 생산성 향상을 통하여 국제시장 진출을 목표로 하는 농장발전계획의 수립이 필요하다.

기계화 영농을 목표로 경사도가 낮은 구릉지대를 장기 임대하여 과학적인 영농으로 대단위 옥수수농장 개발에 도전할 가치는 충분하다. 이 경우 국내 사료생산기업과의 장기계약 등의 수요 확보가 뒷받침된다면 성공가능성은 더욱 커질 수 있다.

(3) 카사바

필리핀의 카사바 재배면적은 2008년 현재 21만1,657ha로 벼, 옥수수, 바나나 다음으로 많이 재배되는 식용과 사료 및 바이오연료작물이다.

필리핀 카사바 생산량은 세계 전체 생산량의 0.9% 수준이고 생산성은 ha당 8.9톤으로 세계 전체 수준의 77.2%, 아시아 전체 수준의 46.7% 수준으로 대단히 낮다.

Bukidnon주의 카사바 농장, 수확기에 접어들었다.

표(4-6) 세계 카사바 생산현황(2007)

지 역	재배면적(ha)	생산량(톤)	생산량 비중(%)	생산성(mt/ha)
세 계	18,555,276	214,515,149	100.0	11.6
아프리카	11,910,043	104,952,309	48.9	8.8
아메리카	2,808,558	36,429,108	17.0	13.0
오세아니아	18,145	222,649	0.1	12.3
아시아	3,818,530	72,911,083	34.0	19.1
동남아시아	3,270,988	59,900,576	27.9	18.3
－ 캄보디아	108,000	2,215,000	1.0	20.5
－ 인도네시아	1,201,481	19,988,058	9.3	16.6
－ 필리핀	209,633	1,871,138	0.9	8.9
－ 태국	1,174,209	26,915,541	12.5	22.9
－ 베트남	497,000	7,984,900	3.7	16.1

자료: FAO, http://www.faostat.fao.org

카사바는 개간지 등 척박한 땅에서 잘 자라며, 적절한 비배관리를 통해 생산성 향상의 여지가 큰 작물이다. 또한 옥수수와 사탕수수 등 작물의 바이오에탄올 용도로의 사용량 증가에 대한 국제사회의 억제 요구에 부응하여 이를 대체할 수 있는 식물자원으로서, 빠른 속도로 성장하는 바이오 연료시장의 가장 유망한 원료 농산물이다.

바이오에탄올은 사탕수수, 사탕무, 감자, 옥수수 등 당질계 작물에서 추출한 연료로서 휘발유와 혼합해서(가스홀) 사용되고 있다. 세계 바이오연료시장은 고유가의 장기화 추세와 기술 진보에 따

른 생산비용의 절감으로 2000년 들어서서 매년 15%대의 높은 성
장세를 지속하고 있다. 유엔식량농업기구(FAO)는 향후 15~20년
사이에 바이오연료가 전체 에너지 수요의 25%를 차지하게 될 것
으로 전망하고 있으며, 국제에너지기구(IEA)는 바이오에너지시장
이 2005년의 1,750억달러 규모에서 2015년에는 1조770억달러
로 급성장할 것으로 전망하고 있다.

그러나 식용곡물(옥수수, 사탕수수)의 과도한 에너지 소비용 전
환으로 인하여 식량곡물의 가격상승 등 세계 곡물수급에 미치는
악영향에 대한 우려가 현저해지면서 2008년 말 개최된 선진국정
상회담(Tokyo Summit Conference)에서는 식량용 곡물의 에너
지 용도로의 이용을 가능한 한 억제하자는 데 원칙적으로 합의하
게 되었다. 이에 따라 새로운 바이오에너지 원료 농산물로서 카사
바의 중요성이 커지고 있는 것이다.

카사바는 줄기를 30~40㎝ 크기로 잘라서 꺾꽂이 하는 방법으
로 재배하는데 8~12개월 이내에 뿌리를 수확할 수 있으며, 개간
작업 이후 농지로서의 적당한 토양 조성이 제대로 되지 않은 땅에
서도 배수조건만 맞으면 잘 자라는 전분덩어리이며 옥수수농장
개발예정지에 초기 적응식물로 적당한 작물이다.

한국은 주정 원료로 카사바 칩(Chip)과 전분 형태로 카사바를
수입하고 있으며 2007년 수입량은 93만톤으로 세계 전체 수입량
의 4.6%에 해당한다.

단위: 천톤

항 목	Cassava Equivalent	Dry products				합 계
		Cassava Starch	Flour of Cassava	Tapioca of Cassava	Cassava Dried	
세계	27,071	1,956	16.4	50	6,783	8,806
미국	340	26	0.0	10	63	100
유럽연합	4,477	68	2.7	2	1,647	1,719
아시아 전체	21,278	1,706	8.2	35	5,013	6,762
중국	16,209	892	0.0	14	4,672	5,578
인도네시아	1,533	306	0.0	0.2	0.05	307
일본	796	143	0.5	1.8	27	173
한국	930	35	0.0	0.1	302	337
말레이시아	613	118	0.0	2.4	4	125
필리핀	201	40	0.0	0.3	0	40
싱가포르	253	45	3.7	1.2	2	52
태국	8	0.1	0.0	0.0	3	3

자료: FAOSTAT, http://faostat.fao.org

카사바는 수확 이후 보관성이 약한 구근작물이다. 따라서 뿌리 자체로 교역되기보다는 잘라서 말린 카사바 칩이나 전분으로 가공한 타피오카 형태로 국제교역이 이루어진다.

필리핀의 영세한 카사바 농가들은 뿌리 형태로 수집상인에게 카사바를 판매하는데 수집상들은 카사바를 가공공장으로 납품하고 칩이나 전분 형태로 가공된 카사바는 내수 및 수출용으로 거래된다. 카사바의 판매가격은 각 가공단계별로 대략 2배 정도의 가격 차이가 발생하는데, 카사바 전분가격은 2007년 하반기부터 상

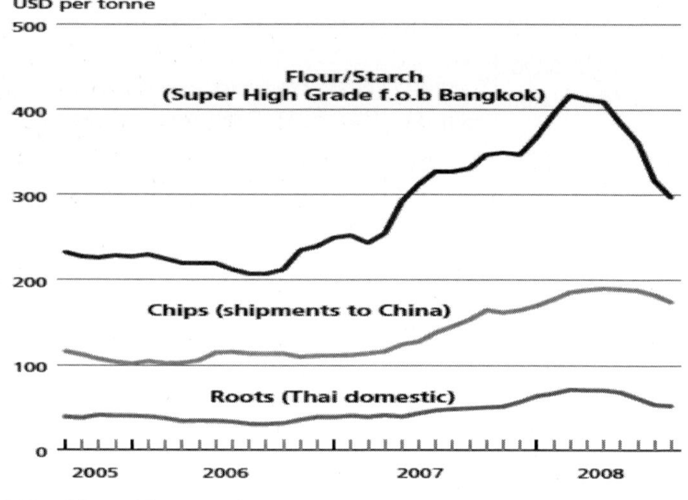

자료: FAO, 「Food Outlook」 2008, 11.

승하여 2008년 평균 373.5$/톤을 기록함으로써 전년보다 22% 상승하였다.

한국 농기업이 필리핀 카사바산업에 진출하기 위해서는 농장에서 생산된 카사바를 가공하여 보관·판매할 수 있는 가공시설 설치를 전제조건으로 해야 한다. 가공시설은 뿌리 절단과 건조를 통한 단순한 칩 가공과 저장시설에서부터 카사바 뿌리를 가공하여 변성전분화시키는 타피오카 시설 및 나아가서 카사바 전분을 이용한 에탄올(주정)공장까지를 고려할 수 있다.

이 과정에서 한국 국내의 전분 및 주정공장과 나아가서 바이오에탄올의 대량 수요자인 정유공장과의 장기공급계약 등이 뒷받침되면 농장 경영의 안전성을 조기에 확보할 수 있을 것이다.

물론, 현재 카사바 농사의 낮은 생산성 향상을 위한 기술혁신과 생산비 절감을 위한 기계화 추진도 필요하다.

2) 열대과일 작물

(1) 바나나

바나나는 전세계에서 가장 생산량이 많은 과일로서 지난 3년간 (2006~2008년) 전세계 생산량은 8,000만톤에서 9,000만톤으로 약 1,000만톤의 생산량이 증가하였다. 중국, 인도 등 인구거대개도국의 식용소비량의 증가와 선진국들의 바나나 다이어트 열풍으로 바나나

Bukidnon 주에 있는 델몬트사의 바나나와 파인애플 플랜테이션 수확기의 모습

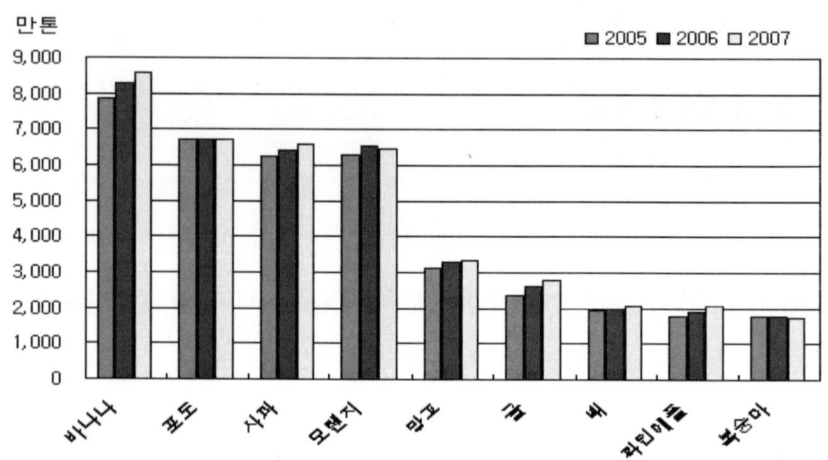

그림(4-8) 세계 주요 과일 생산량

자료: FAOSTAT, http://faostat.fao.org

소비가 지속적으로 증가한 것이 최근의 바나나 생산 증가를 이끈 주된 이유이다.

대부분의 열대작물과 마찬가지로, 바나나 재배에 필요한 특수한 기후조건 때문에 바나나는 적도를 기준으로 남북위 30도 이내의 열대지역에서 생산되고 있고 생산량의 20% 이상이 북반구에 위치한 선진국으로 수출되고 있다.

세계에서 바나나 생산량이 많은 나라는 인도, 중국, 필리핀, 브라질, 에콰도르, 인도네시아 등의 순인데, 인도, 중국, 브라질 등은 생산된 바나나를 전량 국내 소비에 충당하고 있기 때문에 바나나 수출시장에는 참여하지 않고 있다.

표(4-8) 주요 국가별 바나나 생산량

국가/연도	2000년	2002년	2004년	2006년	2007년	비중
인도	14,137,300	13,304,400	16,328,400	20,857,800	21,766,400	25.4%
중국	5,139,909	5,783,818	6,210,695	7,115,277	8,038,729	9.4%
필리핀	4,929,570	5,274,826	5,631,250	6,794,564	7,484,073	8.7%
브라질	5,663,360	6,422,860	6,583,564	6,956,179	7,098,350	8.3%
에콰도르	6,477,039	5,611,438	6,132,276	6,127,060	6,002,302	7.0%
인도네시아	3,746,962	4,384,384	4,874,439	5,037,472	5,454,226	6.4%
탄자니아	700,900	2,204,620	2,489,010	3,507,450	3,500,000	4.1%
코스타리카	2,181,000	1,975,000	1,814,123	1,980,146	2,079,106	2.4%
태국	1,750,000	1,800,000	2,300,000	2,000,000	2,000,000	2.3%
멕시코	1,863,252	1,996,775	2,361,144	2,196,155	1,964,545	2.3%
세계	64,888,468	67,790,859	74,845,330	82,887,488	85,855,856	100.0%

자료: FAOSTAT, http://faostat.fao.org

2006년 현재 전세계 바나나 수출량의 29%는 에콰도르가 차지하고 있으며 그 다음이 필리핀(14%), 코스타리카(13%), 콜롬비아(9%) 등의 순이었다. 한편 전 세계 바나나 수입량의 24%는 미국이 차지하고 있으며 그 다음이 독일(8%), 벨기에(7%), 일본(7%), 영국(6%) 등의 순이다.

국제 바나나 가격은 2004년 초 이후 지속적으로 상승하는 추세로 2006년부터 2009년까지의 연평균 가격상승률은 26.3%에 달하고 있다.

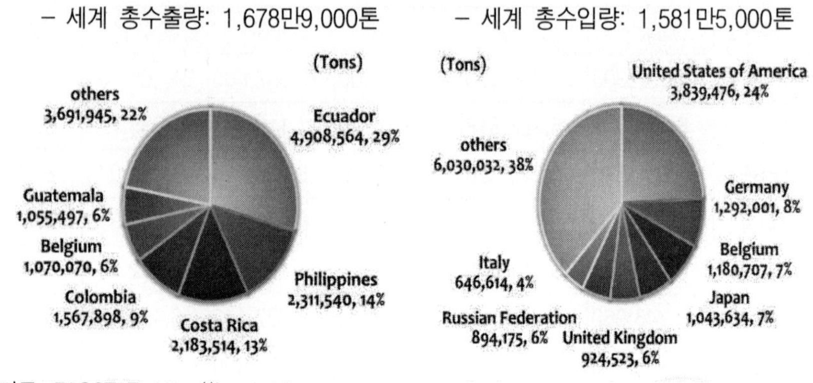

자료: FAOSTAT, http://faostat.fao.org

필리핀의 바나나가 본격적으로 수출산업화된 것은 100여 년 전, 델몬트사가 미국 하와이의 바나나 생산기지를 필리핀 민다나오 북부의 Bukidnon주로 옮긴 이후부터였다.

이 지역은 태풍의 영향을 거의 받지 않으며 수시로 소나기(스콜)가 내리므로 관개시설을 따로 설치할 필요가 없는 천혜의 바나나 생산적지이다.

한국 기업이 필리핀의 바나나 농사에 진출하기 위해서는 델몬트 바나나농장(Plantation)이 위치하고 있는 북민다나오지역의 농지를 장기임대함으로써 자연적 조건의 유리성과 함께 바나나 농사에 숙련된 인력을 이용할 수 있어야 한다.

바나나는 식재 후 9개월부터 수확이 가능한 작목으로 자본 회전이 빠른 유리함이 있으며 이론적으로는 바나나 1그루당 평균 수확량을 24kg으로 가정할 경우 1ha당 상품화가 가능한 바나나 생산량은 49톤이다.

2,500그루×95%[1]×24kg×95%[2]×90%[3]=49톤

1) 재배 중 묘목 손실율: 5% 가정

2) 수확 중 바나나 손실율: 5% 가정

3) 운반, Packing 중 손실율: 10% 가정

그러나 바나나의 지속적인 생산성 향상의 요체는 바나나 재배 농지의 지력(地力) 관리이므로 바나나 농장 개설과 동시에 양돈, 육우 등 축산 도입이 추진되는 것이 바람직하다.

바나나 생산의 부산물(바나나 잎과 상품화되지 못한 폐기바나나)을 사료로 활용하는 대신에 축산분뇨를 지력 유지와 향상을 위한 비료자원으로 활용하는 순환농업체계를 반드시 도입해야 한다는 것이다[7].

(2) 파인애플

필리핀은 세계 제4위의 파인애플 생산국이고 제2위의 신선파인애플 수출국이다. 특히 파인애플 생산성이 2008년 현재 ha당 38톤으로 가장 높은 나라이다.

파인애플은 식재 후 18개월 후에 수확하는데 이론적으로는 ha당 5만4,000본을 식재하여 그중 90%의 성장묘목에서 48.6톤을

---

7) Bukidnon주의 델몬트 농장에서는 넓은 초지를 이용하는 비육우 2만 마리 농장을 운영하면서 여기에서 생산된 가축분뇨를 바나나와 파인애플농장의 비료자원으로 활용하고 있다.

수확하고 불량상품을 골라낸 후 상품화가 가능한 물량은 44톤으로 볼 수 있다.

식재: 5만4,000본(270본×200줄)
수확: 5만4,000본×90%×1.0kg=48.6톤
상품화: 48.6톤×90%=43.7톤

필리핀의 파인애플 생산성이 높은 것은 델몬트 등 거대기업들이 운영하는 파인애플 플랜테이션의 기술 수준이 높기 때문이다.
파인애플 수출가격은 수확 이후 세척, 선별, 포장, 출하 등의 단계를 거치기 때문에 생산자가격의 두 배 이상의 가격 수준에서 형성된다.

표(4-9) 필리핀 파인애플 생산자 가격과 수출가격(2000~2008)

단위: 달러/톤

구 분	2000	2001	2002	2003	2004	2005	2006	2007	2008
생산자 가격	118.65	117.74	106.52	129.09	103.97	114.67	98.67	118.31	128.72
수출 가격	182	176	165	194	201	206	208	209	210

자료: BAS, CountrySTAT Philippines

파인애플은 생산과 소비가 지속적으로 증가하고 있는 열대과일로서 시장 수요의 확보가 용이한 점, 필리핀의 숙련된 기술인력을 손쉽게 고용할 수 있는 점 등의 이유 때문에 한국 농기업의 성공가능성이 높은 진출대상종목이다.

한국 농기업이 필리핀의 파인애플 농사에 진출하기 위해서는 바나나의 경우와 마찬가지로, 델몬트농장이 입지하고 있는 북민다나오 지역의 농지를 장기임대할 수 있는 길을 열어야 한다.

이 지역에서는 파인애플 생산에 적합한 기후와 토양 등 자연환경조건과 숙련된 인력을 손쉽게 이용할 수 있기 때문이다. 또한 당도가 높고 생산성이 높은 신품종8)의 선택과 함께 농장의 지력을 향상·유지시키기 위한 양돈, 육우 등의 축산 도입이 동시에 추진되어 가축분뇨의 비료자원화가 원활하게 이루어지는 것이 바람직하다.

---

8) 현재 필리핀에서는 파인애플 기존 품종($MD_2 MG_3$) 이 주로 재배되고 있으나 신품종(Super Sweet ULAM)으로의 대체가 진행 중이다.

열대과일의 천국, 부키드난(Bukidnon)주

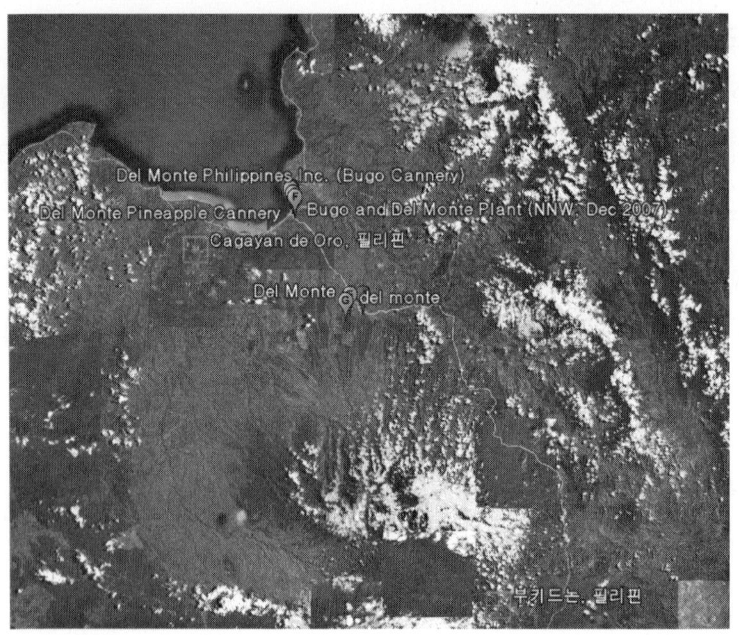

- 위치: 민다나오섬 북부 북위 7°25´~8°38´사이, 동경 125°16´
- 지형: 구릉지로 이루어진 평균고도 해발 915m의 광활한 고원지대
- 기후: 뚜렷한 우기가 없고, 건기도 1~3개월로 짧은 지형으로 연중 비교적 서늘하고 습윤함
- 강우량: 2,800㎜
- 인구: 119만명(2007년)
- 필리핀에는 매년 평균 20여 개의 열대성 저기압(태풍)이 통과하지만 태풍의 경로가 북서쪽으로 휘어지기 때문에 태풍으로 인한 직접적인 피해를 거의 받지 않는 천혜의 농업지역임
- 배후 농산물 집산지는 Masamis Oriental주의 주도 Cacayan de Oro시(인구 55만4,000명)로서 델몬트의 가공공장과 항구가 위치하고 있음

- Bukidnon주의 주요 농산물은 옥수수, 쌀, 파인애플, 바나나, 커피, 고무나무, 토마토, 카사바 등임
- Bukidnon주의 파인애플 생산량은 필리핀 전체의 45.6%(2007년)을 차지하고 있으며 델몬트필리핀(DMPI)외 수개의 다국적기업들이 Plantation 경영 및 계약재배 형태로 생산에 참여
- Bukidnon주의 바나나 생산량은 필리핀 전체 생산량의 6.3%(2007)를 차지하고 있으며 돌필리핀(Skyland) 등 수 개의 다국적기업들이 Plantation 경영 및 계약재배 형태로 생산에 참여
- 쌀은 필리핀 전체 생산량의 1.64%, 옥수수는 필리핀 전체 생산량의 10.4%, 토마토는 필리핀 전체 생산량의 17.1%, 망고는 필리핀 전체 생산량의 0.6%를 생산하고 있음
- 작물 재배를 위한 농업용수의 공급시설(관개시설) 설치가 따로 필요 없는 천혜의 열대작물 재배지로서 Dole과 Del monte 등 대규모기업들에 의한 기술 수준이 전반적으로 높기 때문에 Bukidnon주의 열대작물(특히 바나나와 파인애플)의 생산성은 세계 최고 수준임

부키드난주의 바나나, 파인애플 생산성(mt/ha), 2007

구 분	바나나	파인애플
필리핀	17.13	37.35
세계(A)	16.80	24.70
동남아시아	15.70	36.20
부키드난주(B)	24.08	49.46
비율(B/A)	143.30	200.20

자료: BAS, CountrySTAT Philippines
　　　FAOSTAT, http://faostat.fao.org

3) 경제수림 조성

필리핀 정부가 권장하고 있는 경제수종(經濟樹種)은 고무나무와 자트로파이다.

열대림 벌채 이후에 유휴되거나 화전(火田)경작방식에 의해서 저수준으로 이용되고 있는 방대한 구릉지대를 생산화함으로써 농촌에서 저수준으로 활용되고 있는 잠재적 실업인구(Under employment)의 일자리 창출과 소득 향상에 기여하기 위한 목적에서다.

Bukidnon주의 고무나무농장, 고무채집용기가 보인다.

(1) 고무나무

고무나무는 유휴 구릉지를 활용하는 주민소득창출산업인 동시에 필리핀의 수입대체산업이기도 하다. 그러므로 필리핀 정부의 권장정책에 의해서 2008년도 재배면적은 2000년도보다 1.5배 늘어났고 생산량은 1.9배나 늘어났다.

고무나무의 경제적 수명은 약 32년으로, 7년여의 미성숙단계와 수액을 채취할 수 있는 약 25년의 생산단계로 이루어진다. 따라서 고무나무 농장조성사업은 고무 수액을 채취할 수 있는 단계까지의 무육기간에는 현금소득이 전혀 없이 투자가 계속되어야 한다는 제약조건을 극복할 수 있는 자금 여력이 있어야 한다.

이러한 제약조건을 극복하기 위해서 고무나무가 성장할 기간에 파인애플을 간작(間作)하는 경우도 흔히 볼 수 있다.

고무나무가 잘 자랄 수 있는 최적의 기후조건은 연간 강수량이 2,500㎜ 이상이고 뚜렷한 건기가 없이 연중 강우량이 고르게 분포해 최소한 연간 100일 이상 비가 내리는 지역이 가장 좋다고 알려져 있다. 또한 기온 분포가 20~34℃이고 대기 중 습도가 80% 이상인 고온다습한 지역 중에서 연간 일조시간이 2,000시간 이상이며 강한 바람이 불지 않는 지역이 적합하다고 한다.

고무나무는 총 생산비의 절반 이상이 고무 채집을 위한 인건비이다. 고무 채취 이전(7년 이전)에는 1인으로 7~10ha의 농장관리가 가능하지만 고무 채취가 시작되면 ha당 1~1.5인의 노동력이 소요된다.

고무는 ha당 550그루(식재간격 3m×6m)가 식재되는데 야산을 개간할 경우 벌목→개간→배수로→농로 개설 등 농장조성작업과 고무나무 식재에 필요한 투자비는 필리핀의 경우 ha당 2,000us$ 내외가 소요되는 것으로 조사되었다.

한국 농기업이 필리핀의 고무나무농장 조성에 진출할 경우 다음과 같은 조건을 면밀히 검토할 필요가 있다.

첫째, 고무나무 생육에 적합한 기후와 토양조건을 갖춘 유휴 산야지를 장기임대하는 것이다. 이를 위해서는 현재 상태에서 고무나무의 주산지 인근 지역을 선택하는 것이 최선이다.

둘째, 고무채취인력을 손쉽게 구할 수 있는 지역을 선택해야 한다. 고무 채취가 시작되면 1ha당 최소한 1인 이상의 채취 인력이 필요하다. 만약 1,000ha 규모의 고무나무 농장을 계획한다면 최소한 1,000명 이상의 채취 인력을 동원할 수 있는 지역을 선택해야 한다는 것이다.

셋째, 고무나무에서 고무 수액을 채취할 수 있는 기간은 식재 이후 7년이다. 그러므로 7년간은 현금소득 없이 계속 투자가 요구되므로 자금 여력이 있어야 시작할 수 있는 사업이다. 따라서 고무나무의 유목(幼木)시기에 간작으로 파인애플을 재배할 수 있는 지역을 선택하는 것이 좋은 방법이다.

넷째, 필리핀 정부(중앙과 지방)의 고무나무농장 조성에 대한 지원조건을 검색하여 각종 지원혜택을 빠짐없이 받을 수 있도록 사전준비하는 것이 바람직하다.

세계 고무가격은 상승하는 추세이므로 탄소배출권 확보를 위한 CDM사업 차원에서 장기적인 투자사업으로 고무나무농장 개발사업을 검토할 만한 가치는 충분하다.

(2) 자트로파

자트로파는 다년생의 관목으로 평균기온 20~28℃에서 배수 및 통기성이 좋은 지역을 선호하는 나무이다. 자트로파 열매는 독성이 있기 때문에 식용으로 사용할 수가 없어 흔히 농가의 울타리용으로 이용되어 왔으나 최근에 비식용 바이오디젤 원료작물로 관심을 모으고 있다.

자트로파는 식재 이후 2~3년이 지나면 수확이 가능한데 1년에 2~3회 수확이 가능하고 나무가 성숙하면 ha당 5톤의 생산이 가능한 것으로 보고되고 있다. 자트로파 열매를 압착하면 35% 내외의 기름을 수확할 수 있으므로 ha당 1.7톤의 바이오디젤을 생산할 수 있다. 세계 바이오연료 시장은 2000년대 이후 매년 15%대의 높은 성장세를 지속하고 있으며 향후 15~20년 사이에 바이오연료가 세계 전체 연료 수요의 25%를 차지하게 될 것으로 유엔식량농업기구(FAO)에서는 전망하고 있다.

그러므로 필리핀의 유휴되고 있는 원주민 영토를 장기 임차하여 원주민 소득사업으로 자트로파 생산단지를 조성하는 투자사업의 경제성과 전망은 훌륭하다.

자트로파는 배수조건만 좋으면 척박한 토양에서도 잘 자라는 나무이므로 유휴 야산지역에 계획적인 조림을 통하여 큰 비용 투입 없이 농장 조성이 가능하다는 이점은 있다. 그러나 자트로파 열매 수확기에는 ha당 2명 이상의 노동력 동원이 가능한 지역을 선정해야 한다는 제약조건도 충족시킬 수 있는 지역을 선정해야 한다.

고무나무의 경우와 마찬가지로 필리핀 정부 차원의 자트로파 농원 조성에 대한 지원혜택을 사전적으로 점검해야 한다.

나아가서 바이오디젤원료 확보에 관심이 많은 국내의 정유회사 등과의 계약재배 등을 추진하면 안정적인 경영에 도움이 될 수 있을 것이다.

4) 축산

필리핀 경제는 실질 GDP 성장률 기준으로 2000년 들어서 4~6%의 견실한 성장 추세를 지속하고 있다. 국민소득의 증가에 따라서 곡류 소비는 감소하는 대신에 육류 소비는 빠른 속도로 증가하고 있다.

이에 따라서 필리핀의 축산 생산량도 증가하고 있으나 생산이 소비증가 추세를 따라잡지 못하여 수입도 크게 늘어나고 있다. 필리핀에서 수입하고 있는 상위 10개 품목 중에서 수입물량과 금액 기준으로 우유와 유제품은 2위, 쇠고기는 6위의 비중을 차지하고 있다.

최근 3년간(2005~2007년) 냉동 우육은 연평균 5.6%씩, 냉동 계육은 연평균 17.2%씩 수입량이 증가하고 있다.

그러므로 수요가 안정적으로 확대되고 있으며, 필리핀의 수입대체산업으로서의 중요성도 크고, 작물보다 수익성이 상대적으로 높다는 점에서 필리핀 축산사업에 진출할 필요가 있다. 또한 경종작물 재배의 생산성 향상을 위한 지력(地力) 유지와 관리를 위해서 축산분뇨의 비료자원화가 필수적이다. 그러나 규모화된 축산경영을 위해서는 초기투자자본이 많이 소요되며 도축과 육가공산업 등 축산관련산업의 발달이 미진하므로 축산과 축산관련산업의 동반진출을 고려해야 한다는 점(지역에 따라서는 사료산업까지 고려해야 함) 등이 추가적으로 검토되어야 한다.

(1) 양돈

돼지는 생체중량 기준으로 2008년 현재 전체 가축 생산량(232만 7,000톤)의 79.7%를 차지하고 있는 가장 중요한 가축이며 최근 3년간(2005~2008년) 연평균 1.56%씩 성장하고 있다.

돈육의 국내생산량은 최근 2년간(2005~2007년) 연평균 6.9%씩, 그리고 수입량은 연평균 29.3%씩 크게 늘어나고 있다. 또한 국민1인당 소비량(kg/year)도 2005년의 13.7kg에서 2007년에는 15.1kg으로 늘어나고 있다.

양돈농장은 소비지(대도시) 인근 지역의 유휴되고 있는 야산구릉지대를 장기임차하여 설치하는 것이 바람직하다. 양돈농장 진출을 위한 단계적 접근방법은 다음과 같이 요약된다.

1단계: 농장입지 모색
※ 검토사항: 소비지와의 거리, 축산분뇨 활용을 위한 경종작물 농장과의 거리,
　　　　　　 농장용지 임대차 조건, 축산농장 설립과 관련한 규제
2단계: 양돈경영
　　　　 모돈사육 ⇒ 종돈생산 ⇒ 비육돈생산 ⇒ 농장확장
※ 사료 원료곡물 확보와 사료 자가생산·공급체계 검토
3단계: 도축과 부분육 가공공장 설치
4단계: 2차 육가공(햄, 소시지, 바비큐 등)
5단계: 저온유통체계(Cold Chain)에 의한 내수 정육시장 진출

(2) 비육우

현재 필리핀의 비육우는 주로 초자원을 이용한 조사료(粗飼料)에 의존하는 소규모(1~2마리)의 사육방식에 의존하고 있다. 2008년 현재 농가판매가격은 소(생체)는 돼지의 88.9% 수준이고 닭의 91.9% 수준이다. 그러나 쇠고기는 소매가격 기준으로 돼지고기의 127.9%, 닭고기의 199.8% 가격으로 판매되고 있다. 생체가격을 기준으로 할 때는 소가 돼지·닭보다 싸게 팔리고 있으나, 소비자 가격 기준으로는 돈육이나 계육보다 비싸게 팔리고 있는 것이다.

최근 2년간(2005~2007년) 쇠고기 국내 생산량은 정체상태인데 비해서 수입량은 연평균 20.6%씩 빠르게 증가하고 있다. 그러나 국민 1인당 쇠고기 소비량(kg/year)은 돈육의 13% 수준에 불과하다. 비육우농장은 축산 자체의 목적보다는 축산분뇨를 비료자

원으로 활용하려는 목적이 중요하다. 특히 바나나, 파인애플 등 열대과일 농장 및 옥수수 등 사료농장의 생산성 향상을 위해서는 소와 돼지의 분뇨 투입이 필수적이다.

대규모적인 열대과일 농장 진출이나 사료곡물(옥수수) 진출을 위한 유휴구릉지를 임대할 경우, 임대지의 잡목을 제거한 후 개간지의 지력을 향상시키기 위한 수단으로 초지 조성과 소의 방목 경영을 시도하는 것이 바람직하다.

송아지는 방목으로 초자원 위주의 조사료 급이를 통하여 사육하다가, 성우가 되면 출하 6개월 전에 축사에 가두고 농후사료(濃厚飼料) 급이량을 늘이면서 과학적인 비육방식을 통하여 체중을 향상시키고 육질을 개선한 후 출하하는 방식으로 현재의 조사료 위주인 사육방식을 개선하는 것이다.

비육우농장 개설을 위한 단계적 접근방법은 다음과 같이 요약된다.

1단계: 개간농지에 초지 조성과 방목장 확보
2단계: 현지의 소 중에서 우량 송아지를 선별 입식하여 종모우로 육성
3단계: 우수 종모우 육성을 통한 송아지 자가생산체계 확보
4단계: 도축과 부분육공장 설치
5단계: 냉장유통체계(Cold Chain)에 의한 내수정육시장 진출

---

(3) 양계

양계는 육계와 산란계 및 토종계로 나뉘어서 파악되는데, 최근 3년간 육계의 연평균 성장률은 8.96%로 산란계(5.11%), 토종계(1.30%)보다 훨씬 높았다.

계육의 식용소비량은 연평균 3.84%씩 증가하고 있으나, 생산량은 연평균 3.02%씩 증가하고 있다. 확대되고 있는 생산과 소비의 격차를 수입으로 충당하고 있는데 수입은 최근 3년 동안에 연평균 20.5%씩 증가하여 계육 총 공급량의 5% 이상을 차지하고 있다.

필리핀 양계는 육계산업을 위주로 하여 진출하는 것이 바람직하다. 필리핀 원주민들은 필리핀의 최빈층으로 이들의 소득 창출을 통한 빈곤 해소가 필리핀 정부의 당면과제가 되고 있다. 그러므로 원주민 부락 인근에 있는 원주민 영토(ancestral domain)를 장기임대하는 조건으로 원주민의 소득창출을 위한 사업으로 육계 생산단지를 구축하는 전략을 택하자는 것이다.

우리나라에서도 하림이나 체리부로 등 대표적인 기업들이 성공적으로 운영하고 있는 계열화(Vertical Integration) 경영방식을 필리핀 육계 진출에 적용하여 원주민의 소득 향상에 기여하면서 원주민 소유토지인 유휴농경지를 좋은 조건으로 임대하여 대규모 사료작물단지로 전환시키자는 것이다.

필리핀의 육계 계열화사업 진출을 위한 단계적 접근방식은 다음과 같이 요약할 수 있다.

> 1단계: 원주민 영토의 장기임대를 위한 협상
> (※ 협상조건: 원주민 소득사업으로 육계단지 형성)
> 2단계: 계열화 농장본부 설립
> (종계장, 부화장, 사료공장, 전시사육농장, 육계도축장과 계육처리공장 설치)
> 3단계: 원주민 농가별 육계농장 계약 후 초생추 분양
> 4단계: 브랜드 계육 생산과 국내 정육시장 진출
> 배후 임대농지의 사료작물과 열대과일 생산단지 운영

필리핀에서는 델몬트와 돌 등 다국적 기업들이 열대과일(바나나, 파인애플)의 계열화사업을 성공적으로 추진하고 있으므로 필리핀 농가들은 계열화 경영방식에 상당히 익숙해 있으며 거부감도 덜하다는 이점이 있다.

5) 농축산물 유통산업과 농기계산업

필리핀은 농업생산성도 대단히 낮지만, 농축산물의 수확 이후 가공, 보관 및 상품화를 위한 산지유통산업도 대단히 전근대적이다. 이 때문에 필리핀 농산물의 생산자가격은 소비자가격에 비해 현저하게 저위 수준이고, 필리핀의 농축산물의 품질 수준도 수입 농산물에 비해서 저위 수준으로 평가받고 있는 것이다.

필리핀 농축산물의 부가가치를 높일 수 있는 유통산업에 대한 한국 농기업 진출의 성공 가능성은 일반적으로 매우 높은 것으로 평가되고 있으며 현지 농촌의 수용태도나 현지 정부(중앙 및 지방 정부)의 유통산업유치 노력도 적극적이다.

(1) 미곡종합처리(RPC) 시설

한국 국제협력단(KOICA;Korea International Cooperation Agency)사업으로 진행된 필리핀 오로라(Aurora)주지역의 한국형 현대식 쌀 도정공장은 필리핀 쌀의 품질을 획기적으로 향상시켰다. 이 때문에 이 공장에서 생산된 쌀은 KOICA쌀로 브랜드화 되어 필리핀 국내의 최고 쌀로 인정받고 있다.

KOICA사업을 통해 필리핀에 제공되는 우리 정부의 무상원조는 977만달러에 이르는데 대표적인 사업이 올해부터 2012년까지 1,000만 달러를 투입해 필리핀 팡가시난주, 일로일로주, 보홀주, 다바오주 이상 4곳에 한국형 미곡종합처리장(RPC)을 건설해 주는 프로젝트다. 이 사업은 필리핀 아로요 대통령의 추가 건설 요청에 의해서 KOICA의 국제협력사업으로 현재 타당성 조사가 진행되고 있다.

우리나라의 RPC사업은 현재 통폐합이 진행 중이므로 우리가 보유한 우수한 기술과 경영능력을 갖춘 민간기업이 필리핀에 진출할 수 있는 기회로 판단된다.

미곡종합처리시설이 진출하는 지역을 중심으로 대규모 쌀 생산단지 조성에 동반 진출하는 것도 검토할 필요가 있다.

(2) 원예농산물 유통시설

원예 농산물은 수확 이후 예냉과정을 거쳐서 냉장보관과 수송시설을 필수적으로 거쳐야 생산물의 신선도를 유지하고 상품성을 향상시킬 수 있다.

그러나 필리핀에는 우리나라의 산지농산물처리시설(APC)과 같은 시설이 거의 설치되지 않은 상태이다. 이 때문에 원예농산물의 산지가격과 소비지가격 간 격차는 크게 벌어져 있다.

경제 발전에 따른 소득 증가에 따라서 필리핀에서도 채소류 소비가 최근 들어 크게 늘고 있지만 주요 채소 주산지의 채소 생산량은 소비 증가에 크게 미치지 못할 뿐만 아니라 품질 수준도 고소득층 소비자들 기대 수준에 크게 못 미치고 있는 현실이다. 따라서 필리핀의 채소류 주산지에 한국의 우수한 원예농산물의 생산과 유통시스템의 진출을 검토할 필요가 있다.

현재 KOICA사업으로 진행되고 있는 '필리핀과 대한민국간의 지속적 농업계획, SA2020'(Philippine-South Korea Sustainable Agriculture Program; SA2020)에는 필리핀 Benguet주 생산농산물의 안전성과 지속적인 친환경성을 유지함으로써 국민 삶의 질을 높이기 위한 다양한 사업들이 계획되고 있다. 이 사업들 중에서 핵심적인 사업은 Benguet주에서 생산되고 있는 다양한 원예농산물의 상품성을 유지·향상시킬 수 있는 원예농산물 처리시설이다.

Benquet주는 민다나오섬의 북쪽에 위치한 산간지역으로 채소류와 과실류를 주로 생산하는 필리핀의 대표적인 고원농업지대로 채소류 생산 적지이다.

<h1 align="center">필리핀의 고원지대 벵게트(Benguet)주</h1>

- 위치: 루손섬 북부 코딜레라산맥의 남쪽 끝
- 면적: 2,655㎢
- 인구: 49만명
- 주도: 라트리다드
- 유명 도시: 바기오(Baguio)시 (필리핀의 여름 수도)
- 기후: 건기(11~4월), 우기(5~10월) 최저 11℃~최고 26℃
- 강우량: 2,500~4,500㎜
- 벵게트주는 해발 1,500m의 대표적인 고원지대로 곳곳에서 분출되는 온천과 빗물이 계곡으로 모여, 아그노, 암부라얀, 아브라 등 5개의 강이 형성된 지역임
- 주 영토의 77%는 삼림지대이고 나머지 고원평지는 채소, 과일, 커피, 쌀, 바나나와 구근작물 재배지임

- 1960년대 벵게트주의 채소 생산량은 23만5,000톤이었으나 1970년대에는 43만8,000톤으로, 1980년대에는 420만톤으로 급증했다가 1997~2001년에는 210만톤 수준으로 생산이 크게 감소하였음
- 마닐라(Metro Manila)는 채소류 수요량의 85%를 벵게트주로부터 공급받고 있는 주시장임.
- 채소산업은 14만 명의 벵게트 주민의 생활수단이고 6만9,000ha의 고원지농사의 주산업임, 따라서 비료, 농약, 종자산업의 거래액은 매년 1억2,100~1억4,000PHP에 달하고 있음
- 벵게트주의 채소농사는 높은 생산비, 불안정한 가격, 빈약한 마케팅과 저품질성 및 고가의 화학비료와 농약투입비 등으로 최근 들어 위축이 진행되고 있는데, 이 문제에 관한 보고서(Benguet Vegetable Commission 2002)는 다음 9개의 문제점을 지적하고 있음
  ① 불충분한 관개시설과 산지개발(광산 등)에 의한 농업생산용지의 잠식 증가
  ② 비조직적이고 불충분한 채소유통시스템
  ③ 냉장유통시스템의 부족으로 인한 수확 후 손실율의 증가
  ④ 농업부문의 현대적 유통시설 설치를 위한 자본 부족
  ⑤ 병충해의 잦은 발생에 대한 대응능력 부족
  ⑥ 토양 비옥도의 감소
  ⑦ 생산비의 증가
  ⑧ 기술이전의 부족과 농가의 신기술 습득 부족
  ⑨ 채소 생산성과 소득향상을 위한 행정력의 부족

자료: http://www.islandproperties.com/places/benguet.htm

(3) 축산물 처리시설

　필리핀의 축산물 처리시설(도축과 정육가공시설)은 날로 늘어나고 있는 축산물을 처리하기에는 태부족 상태일 뿐만 아니라, 전현대적인 시설로서 축산물의 고급화, 고부가가치화를 실현시키기에는 한계가 크다. 이 때문에 농가 단위의 도축과 위생적으로 불결한 축산물 유통이 일반적으로 이루어지고 있는 현실이다.

　필리핀 국민소득의 증가에 따라서 축산물 수요는 빠르게 증가하고 있으며, 특히 고소득층의 고품질 축산물에 대한 수요는 큰 폭으로 증가하고 있다.

　이에 대응하기 위하여 우리나라의 현대적인 도축과 육가공공장 및 축산물유통시스템의 진출을 적극적으로 검토할 필요가 있다.

　축산물 유통시설은 시설의 가동률을 높이기 위하여 대규모 축산(소, 돼지, 닭)단지 조성과 함께 진출을 검토해야 할 분야이다.

(4) 농기계산업

　필리핀 농업의 기계화율은 대단히 낮다. 앞으로 경제발전에 따라서 농촌 임금이 지속적으로 상승하게 되면 농기계에 대한 수요는 비례적으로 증가하게 될 전망이다.

　그러나 필리핀의 영농규모는 대단히 영세할 뿐만 아니라 농가소득은 지나치게 낮아서 농기계 구입을 위한 자금동원능력이 취약하므로 본격적인 농기계 구매력은 상당 기간 이후에나 현실화될 전망이다.

　필리핀 정부의 농업생산성 향상을 위한 농지기반조성사업이 활성화되고 농기계 구입비 지원사업이 본격화되기 이전이라도 우리의 중고농기계(경운기, 트랙터, 콤바인, 이앙기 등)와 소형농기계를 중심으로 시장 선점을 위한 농기계산업의 진출을 적극적으로 검토할 필요성이 크다.

05

한·필 원예농산물 구상무역
(Bater Trade)

1. 구상무역 추진 배경

2. 한국과 필리핀의 과일교역 현황

3. 구상무역 추진 전략

제5장
한·필 원예농산물 구상무역(Bater Trade)

1. 구상무역 추진 배경

필리핀은 상하(常夏)의 나라로서 열대성 과일과 채소가 계절에 관계없이 풍부하게 생산되며 우리나라와 같이 극심한 과잉생산, 가격폭락의 문제는 일어나지 않는다.

반면에 한국은 온대성 기후로서 과일과 채소가 일정한 수확기에 집중적으로 생산되기 때문에 수확기에 홍수출하된 물량을 처리하기 위한 생산과 유통조정(調整)에 실패하면 가격폭락으로 인한 농가소득 하락의 문제가 발생하게 된다.

특히, 농산물시장 개방으로 수입과일의 시장점유율이 높아졌음에도 불구하고 국산 과일류 생산량은 오히려 증가하게 되면서 과일류를 비롯한 원예농산물의 과잉생산과 가격폭락 현상이 더욱 빈번하게 발생하고 있다. 2008년의 전체 과일류 생산량은 2000년에 비하여 111.1% 증가하였다. 과일류 중에서는 사과(96.3%), 포도(70.2%)는 생산량이 감소하였지만 배는 145.4%, 감귤은 113.0%가 증가하였다.

표(5-1) 한국 주요 과실의 재배면적과 생산량(2000~2008)

단위: 천ha, 천톤

연도	계		사과		배		감귤		포도	
	면 적	생산량	면 적	생산량	면 적	생산량	면 적	생산량	면 적	생산량
2000	173	2,429	29	489	26	324	27	563	29	476
2001	167	2,488	26	404	26	417	27	645	27	454
2002	166	2,500	26	433	25	386	26	643	26	422
2003	163	2,275	26	365	24	317	25	632	25	376
2004	157	2,411	27	357	23	452	22	584	23	368
2005	155	2,593	27	368	22	443	22	638	22	381
2006	152	2,504	28	408	21	431	21	620	19	330
2007	154	2,750	29	436	20	467	21	777	19	329
2008	154	2,698	30	471	18	471	21	636	18	334
비율 ('08/'00)	89.0	111.1	103.4	96.3	69.2	145.4	77.8	113.0	62.1	70.2

자료: 농림수산식품 주요통계, 2009.

그림(5-1) 주요 과일의 농가판매가격 추이(1996~2005)

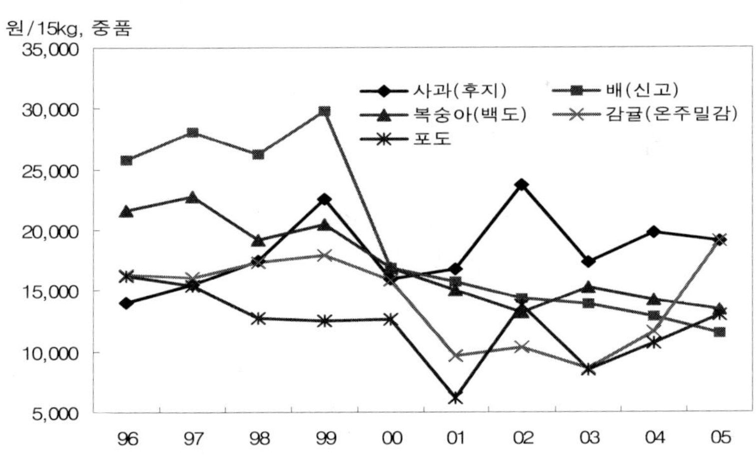

자료: 농협조사월보, 농협경제연구소

이에 따라 우루과이라운드(UR)협정에 의한 시장 개방 이후 10년간(1996~2005년) 과실류의 농가판매가격은 전반적으로 하락하여 왔으며 특히 배 가격은 절반 이하 수준으로 떨어졌다.

배의 경우를 예로 들어 최근 발생하고 있는 풍년기근 현상을 다음 그림(5-2)와 같이 설명할 수 있다.

배 생산량이 40만톤 내외일 때의 배(신고) 15kg 1상자 가격은 15,000원 대를 형성했으나 배 생산량이 43만~47만톤에 이르게 되면서 배 가격은 10,000원 수준으로 떨어져서 생산자는 풍년농사를 이루었으나 가격하락으로 오히려 소득은 하락하게 되는 소위 「풍년기근 현상」을 겪게 된 것이다.

그림(5-2) 배 농가의 증산과 풍년기근 현상

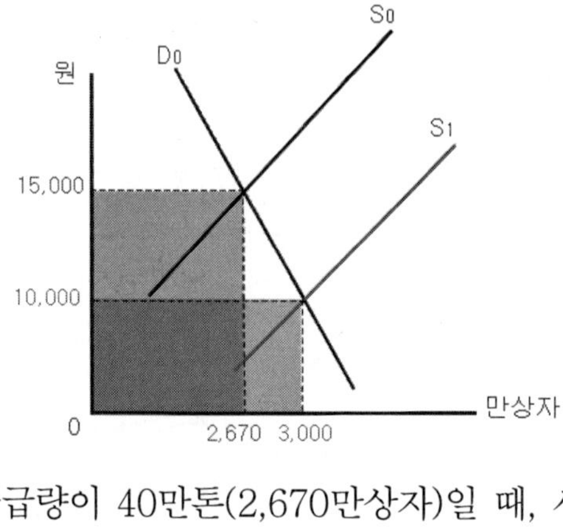

배의 시장공급량이 40만톤(2,670만상자)일 때, 시장가격은 1만5,000원에 형성되었으며 배 농가 소득은 4,000억 원(1만5,000원×2,670만 상자=4,005억 원)이 된다.

그러나 배의 시장공급량이 5만톤 늘어난 45만톤(3,000만상자)
이 되면 시장가격은 1만 원으로 하락하게 되어 배 농가 소득은
3,000억 원이 되고 농가들은 시장출하량을 5만톤 늘렸지만 소득
은 오히려 1,000억 원 감소하게 된다.

수확기에 홍수출하될 물량 5만톤을 효과적으로 시장격리시키기
위한 방법의 하나로 그동안 배의 가공품 개발을 위한 노력이 진행
되어 왔지만 2008년 현재 가공처리된 배 물량은 전체 생산량의
1.5% 수준에 해당하는 7,200톤에 불과한 실정이므로 수확기에
홍수출하되는 물량을 처리하기에는 역불급이다.

산지에서 일정 물량을 폐기시키는 것은 소비자들의 소비심리를
위축시키게 되고 농가들의 홍수출하심리를 더욱 촉발하기 때문에
과잉생산된 공급물량의 일부를 시장에서 효과적으로 격리시킬 수
있는 수단으로 구상무역을 추진하자는 것이다.

2. 한국과 필리핀의 과일교역 현황

한국이 필리핀으로부터 수입하고 있는 주요 열대과일은 바나나,
파인애플, 망고 등으로 2000년부터 2006년까지 수입금액 증가율
은 바나나는 연평균 15.7%씩, 파인애플은 연평균 47.1%씩, 그리
고 망고는 13.6%씩 빠르게 증가하고 있다.

표(5-2) 필리핀으로부터 수입하고 있는 열대과일(2000~2006)

단위: 톤, 천달러(F.O.B.)

	신선 바나나		신선 파인애플		신선 망고	
	물량	금액	물량	금액	물량	금액
2000	140,785	24,783	17,440	2,704	583	1,277
2001	147,244	25,296	19,348	2,926	502	751
2002	151,936	26,204	17,216	2,721	864	1,620
2003	158,805	27,908	23,720	3,878	1,401	2,336
2004	138,629	23,999	24,365	4,181	808	1,412
2005	234,086	41,913	39,436	7,481	846	1,466
2006	264,948	48,183	54,335	10,338	1,149	2,315
연평균 증가율(%)	14.7	15.7	35.3	47.1	16.2	13.6

자료: BAS, CountrySTAT Philippines

필리핀은 온대성 과일인 배, 사과, 귤 등을 세계 각지로부터 수입하고 있는데, 그중에서 한국 과일의 수입량은 배는 전체의 0.51%, 사과는 0.03%, 귤은 2004년의 경우 0.16%로 대단히 미미한 비중이었다. 그러나 필리핀의 온대과일류 전체 평균 수입가격 수준보다는 한국산 과일 수입가격이 상당히 높은 수준이었다. 특히 감귤과 배의 수입가격이 높은 것은 한국산 과일의 높은 품질수준을 현지에서 인식하여 가격 차별화가 이루어지고 있기 때문이다.

표(5-3) 필리핀의 한국 배 수입량과 수입금액

단위: 톤, 천달러(C.I.F.가격), %

연도	수입물량			수입금액			수입단가($/mt)	
	총 수입량	한국	비율	총 수입액	한국	비율	전체	한국
2000	8,086.33	15.65	0.16	1,564.45	4.43	0.28	193.47	283.22
2001	10,174.98	95.28	0.94	1,891.51	38.85	2.03	185.90	407.70
2002	7,225.01	48.75	0.67	1,337.16	11.30	0.84	185.07	231.82
2003	6,390.29	39.23	0.61	1,220.29	8.70	0.71	190.96	221.78
2004	4,603.45	32.63	0.71	850.84	8.67	1.02	184.83	265.58
2005	8,394.97	55.78	0.66	2,376.76	12.23	0.51	283.12	219.33
2006	15,027.37	76.01	0.51	5,064.00	38.93	0.77	336.98	512.20

자료: BAS, CountrySTAT Philippines

표(5-4) 필리핀의 한국 사과 수입량과 수입금액

단위: 톤,천달러(C.I.F.가격), %

연도	수입물량			수입금액			수입단가($/mt)	
	총 수입량	한국	비율	총 수입액	한국	비율	전체	한국
2000	67,679.39	147.44	0.22	21,138.50	35,430	0.17	312.33	240.30
2001	48,928.90	69.58	0.14	11,177.05	15,631	0.14	228.43	224.66
2002	49,941.85	–	–	10,422.61	–	–	208.69	–
2003	62,125.13	–	–	12,853.32	–	–	206.89	–
2004	43,353.40	1.17	0.00	7,954.04	259	0.00	183.47	220.61
2005	54,281.31	0.83	0.00	13,240.79	170	0.00	243.93	206.06
2006	74,457.41	23.78	0.03	35,684.50	7,938	0.02	479.26	333.87

자료: BAS, CountrySTAT Philippines

표(5-5) 필리핀의 한국 감귤 수입량과 수입금액

단위: 톤, 천달러(C.I.F.가격), %

연도	수입물량			수입금액			수입단가($/mt)	
	총 수입량	한국	비율	총 수입액	한국	비율	전체	한국
2000	35,906.69	17.67	0.05	6,976.03	14.36	2.06	194.28	812.30
2001	28,737.14	47.37	0.16	5,433.86	33.99	6.25	189.09	717.48
2002	19,982.21	79.24	0.40	3,230.83	37.10	11.48	161.69	468.14
2003	13,962.51	34.72	0.25	2,166.65	29.83	13.77	155.18	859.25
2004	10,991.93	17.78	0.16	1,710.66	13.49	7.88	155.63	758.61
2005	21,134.18	–	–	4,032.91	–	–	190.82	–
2006	34,501.56	–	–	7,706.74	–	–	223.37	–

자료: BAS, CountrySTAT Philippines

3. 구상무역 추진 전략

1) 교환조건(Terms of Trade)

한국 과일류의 필리핀 수입가격은 C.I.F. 가격 기준으로, 그리고 필리핀 과일의 한국 수출가격은 F.O.B. 가격을 기준으로 하는 필리핀 현지가격 수준을 구상무역의 기준가격으로 하는 교환비율의 협상이 양국의 추진주체 간에 무엇보다 선결되어야 한다.

표(5-6) 필리핀 바나나 수출가격과 한국 과일류의 수입가격 및 교환비율

단위: $/mt

항 목	2000	2001	2002	2003	2004	2005	2006
국내 반입 품목(필리핀 기준 F.O.B.)							
바나나	176.0	171.8	172.5	175.7	173.1	181.9	192.7
필리핀 반출 품목(필리핀 기준 C.I.F.)							
배(B)	283.2	407.7	231.8	221.8	265.6	219.3	512.2
교환비율(B/A)	1.6	2.4	1.3	1.3	1.5	1.2	2.7
사과(C)	240.3	224.7	−	−	220.6	206.1	333.9
교환비율 (C/A)	1.4	1.3	−	−	1.3	1.2	1.9
귤(D)	812.3	717.5	468.1	859.3	758.6	−	−
교환비율 (D/A)	4.6	4.2	2.7	4.9	4.4	−	−

자료: BAS, CountrySTAT Philippines

최근 7년간(2000~2006년) 한국 배와 필리핀 바나나의 수입가격과 수출가격 비율은 가장 작을 때는 1.26배에서 가장 클 때는 2006년의 2.66배였다. 한국 사과와 필리핀 바나나의 현지 수입가격과 수출가격 비율은 1.13배에서 가장 클 때는 1.73배였다.

필리핀의 한국 귤 수입가격과 필리핀 바나나의 한국 수출가격 비율은 가장 작을 때는 2.71배에서 가장 클 때는 4.90배였다.

표(5-7) 필리핀 파인애플 수출단가와 한국 과일류의 수입단가 및
교환비율

단위: $/mt

항 목	2000	2001	2002	2003	2004	2005	2006
국내 반입 품목(필리핀 기준 F.O.B.)							
파인애플	155.0	151.3	158.0	163.5	171.6	189.7	190.3
필리핀 반출 품목(필리핀 기준 C.I.F.)							
배(B)	283.2	407.7	231.8	221.8	265.6	219.3	512.2
교환비율(B/A)	1.8	2.7	1.5	1.4	1.5	1.2	2.7
사과(C)	240.3	224.7	–	–	220.6	206.1	333.9
교환비율 (C/A)	1.6	1.5	–	–	1.3	1.1	1.8
귤(D)	812.3	717.5	468.1	859.3	758.6	–	–
교환비율 (D/A)	5.2	4.7	3.0	5.3	4.4	–	–

자료: BAS, CountrySTAT Philippines

한국과 필리핀 간 과일류에 대한 구상무역은 양국 간 과일수입
에 소요되는 외화를 절약하는 효과와 함께, 유통 조정을 위한 사
회적 비용의 감소 및 과잉생산되는 과일가격의 안정화에 의하여
농가 소득을 향상시키는 효과로 대표된다.

과일가격의 안정화를 위해서는 일정한 물물교환 비율을 사전적
으로 합의하는 것이 필요하다. 즉, 해마다 변동되는 수입/수출가
격에 의해서 물물교환비율을 협상하는 번거로움을 피할 수 있고
과일가격 안정화에도 효과적으로 기여할 수 있는 일정한 교환비
율을 사전적으로 결정하기 위한 품목별 교환비율 협상이 선결되
는 것이 바람직하다.

대형 슈퍼마켓에서 판매되는 중국산 후지(Fuji)사과, 담배갑으로 크기를 비교하면 한국산보다 작다. 20㎏ 1상자가 4만6,000원에 판매된다.

대형 슈퍼마켓에서 판매되는 수입 배, 미국의 Honey, 중국의 Ya, Shandong배가 수입된다. 개당 평균 350원에 판매된다.

2) 구상무역 추진 주체

구상무역 추진 주체는 원칙적으로 양국의 품목별 생산자단체가 맡는 것이 바람직하다. 생산자단체끼리 서로 과잉생산된 물량을 교환할 때 구상무역에 대한 관련 이해 당사국의 문제 제기를 최소화할 수 있기 때문이다.

　그러나 생산자단체가 구상무역을 통하여 반입된 물량을 효과적으로 유통시킬 수 있는 조직과 역량이 부족할 때는 생산자단체가 지명하는 물량 분산능력을 보유한 도매상이나 무역상으로 하여금 위임된 부문(무역, 저장, 도매 등)을 대행시키는 방법도 고려할 수 있다.

　이 과정에서 정부는 과잉생산되어 시장격리시킬 물량을 생산자단체가 수집, 보관, 반출시키는 전 과정에 걸쳐 조직체의 역량을 강화시키는 역할과 교역에 따른 물류비용을 농축산물의 수출촉진 지원비용 차원에서 지원하는 역할을 담당하는 것이 바람직하다.

　최근 5년간 과잉농산물의 유통 조정은 주로 산지폐기 방법에 의해서 처리되었는데 배추(겨울, 봄, 가을)와 마늘이 단골품목이고 2008년도에는 배가 추가되었다.

　유통조정비용은 2004년에는 54억7,600만 원이 소요되었으나 2008년에는 88억8,300만 원이 소요되었으며, 총 비용 중 절반 정도에 정부 예산이 소요되었으며 민간비용은 농협적립금 등이 사용된 것으로 나타났다.

　2008년도에는 배가 과잉생산되어 총 생산량 중에서 2% 해당량이 산지폐기 또는 배 술 제조용으로 소비되었다. 여기에서 계산된 유통조정비용뿐만 아니라 과잉생산으로 인한 농가소득 감소 부분까지 함께 고려할 경우 과잉생산으로 인한 사회적 비용은 엄청나게 크다.

표(5-8) 최근 5년간 과잉생산농산물 유통조정 사례

단위: 천톤, 백만원

연도	품목	유통조절 형태	당년도 총 생산량(A)	유통조정 물량 (B)	비율 (B/A)	유통조정비용		
						정부	민간*	합계
2004	겨울배추	산지폐기	427	43	10.1	1,520	1,066	2,586
	봄배추	〃	925	6	0.6	0	648	648
	가을배추	〃	1,415	45	3.2	682	1,560	2,242
	소 계					2,202	3,274	5,476
2005	겨울배추	산지폐기	325	13	4.0	0	1,163	1,163
	마늘	수매비축	375	0.3	0.1	1,089	0	1,089
	소 계					1,089	1,163	2,252
2006	가을배추	산지폐기	1,422	69	4.9	2,063	1,497	3,560
	겨울배추	〃	431	8	1.9	286	207	493
	마늘	수매비축	331	0.3	0.1	698	0	698
	소 계					3,047	1,704	4,751
2007	겨울배추	산지폐기	360	26	7.2	227	1,691	1,918
	소 계					227	1,691	1,918
2008	고랭지배추	산지폐기	247	5	2.0	0	412	412
	가을배추	〃	1,505	91	6.0	2,091	2,600	4,691
	배	유통협약	471	9,539톤 (폐기8,284톤 배술1,073톤 기타 182톤)	2.0	2,096	2,096	4,192
	소 계					4,187	5,108	9,295

*) 민간유통조정 비용은 농협에서 계약재배를 통하여 적립한 금액 중에서 사용
자료: 농림수산식품부 유통정책과

　　과잉생산물의 일부를 산지에서 수매하여 보관하거나 폐기시키는 데 소요되는 공적비용은 물론이고, 산지 수집상이나 도매상인들이 '밭떼기'(圃前賣買) 거래로 수확 이전에 계약비를 지불한 농산물을 수확하지 않은 채 포기하는 데 소요되는 비용은 결국 농산

물 가격을 안정시키기 위한 매몰비용화(Sunk cost)되어 사회적 손실을 가중시키고 있는 것이다.

해마다 누적되는 과잉농산물의 유통 조정을 위하여 소요되는 사회적 매몰비용의 일부를 투입하여 과잉농산물을 수출상품화 내지 수입대체 상품화할 수 있는 구상무역은 새로운 생산적인 대안이 될 수 있다.

그러나 한국과 필리핀 양국의 품목별 생산자단체가 뉴질랜드의 키위 생산자단체(제스프리 인터내셔널)처럼 효과적으로 과잉농산물을 처리할 수 있을 만큼 조직적인 역량을 갖추고 있다고 보기는 이렵다.

그러므로 구상무역을 추진할 수 있는 생산자단체의 육성과 역량 강화를 위한 정부의 또 다른 역할이 필요하다.

3) 구상무역 추진의 제약조건

열대지방인 필리핀과 온대지역인 한국은 기후적 특성이 다른 만큼 생산되는 농산물의 종류나 품질 및 생산성이 서로 다르다. 만약 열대과일과 온대과일의 효과적인 구상무역 통로가 확보된다면 이 통로를 통하여 구상무역 품목으로 개발할 수 있는 원예농산물의 종류는 적지 않다. 우리나라에서 수시로 과잉생산되어 산지에서 폐기되는 배추, 무, 양파, 파, 감자, 마늘 등 작물은 필리핀에서는 품질이 조악하거나 부족하여 수시로 수입하는 농작물이기 때문이다.

그러나 구상무역 추진이 한국과 필리핀 양국의 농산물가격 안정화를 통한 농가소득지지 효과가 아무리 크다고 할지라도 현재까지 구상무역이 현실화되지 못하고 있는 것은 다음과 같은 현실적인 제약조건이 너무 크기 때문이다.

첫째, 필리핀의 구상무역 대상 품목은 바나나, 파인애플, 망고 등 열대과일류로서 품목이 일정하고 국제가격도 사전적으로 결정되어 있으며 생산이 안정적이다. 반면에 이와 교환될 한국의 구상무역 품목은 배, 사과, 감귤 등 온대과일류와 온대 원예채소물로서 품목이 불특정적이고 한국 국내의 내수시장과 생산의 풍흉조건에 따라 생산자 가격이나 구상무역 거래량도 일정하지 않다.

실제로 수출계약을 체결한 배의 국내가격이 오르게 되자 농가들이 생산물을 내수시장으로 출하하며 수출계약을 위반·무효화했던 아픈 경험도 적지 않았기 때문이다.

따라서 구상무역 대상품목의 안정적인 공급능력을 갖추기 위하여 품목별로 생산면적의 일정 부분을 수출품목 생산단지화하는 적극적인 준비가 갖추어져야 구상무역이 본궤도에 진입할 수 있을 것이다.

둘째, 한국의 구상무역 대상품목의 종류와 수량 및 교환비율을 필리핀의 교역상대와 사전적으로 협의, 조정하는 현지활동을 담당할 전담조직이 필요하다.

구상무역 대상품목이 다양하고 불특정적인 한국의 입장에서는 한국농촌경제연구원(KREI)이 제공하는 관측정보 등에 의하여 한국의 품목별 생산전망자료와 필리핀 내수시장 상황에 기초하여 각 품목별·시기별 구상무역량과 교환비율을 사전적으로 조정할 수 있어야 구상무역의 원활한 추진이 가능해진다. 이를 위해서는 현지에서 활동 중인 대한무역투자진흥공사(KOTRA), 농수산물유통공사, 농협중앙회 등의 활동 강화와 필요한 경우 품목별 단체의 직원을 파견하는 등의 사전적인 준비가 갖추어져야 한다.

셋째, 구상무역을 통하여 반입될 열대과일의 국내 분산능력 강화 및 필리핀 내의 분산능력 강화를 위한 준비가 부족하다.

민간 차원에서 행해지고 있는 열대과일의 현행 유통채널과의 마찰 조정문제와 도입물량의 보관과 효과적인 분산문제 및 유통활동의 결과로 발생하게 되는 경영과실의 배분 문제 등이 전혀 검토되지 않은 또 하나의 문제이다. 이 문제는 필리핀의 경우에서도 정도의 차이는 있지만 같이 발생할 수 있는 문제인 것이다.

원예농산물의 과잉생산으로 인한 사회적 비용에는 과잉생산물의 수확포기와 산지폐기 등 유통 조정을 위한 정부나 생산자단체(농협 등) 등의 시장개입비용 및 과잉생산으로 인한 가격폭락현상에 따른 농가소득의 하락과 불안정에 따른 사회적 손실 부분이 포함된다. 그러나 우리 사회는 상황이 발생했을 때 여기에 대처할 수 있는 대책 마련에 부산했을 뿐, 상황을 예견하여 이에 대응할 수 있는 정책수단의 발굴에는 무관심해 온 것이 사실이다.

한국과 필리핀 간 청과류 구상무역 통로의 확보는 수시로 그리고 빈도 높게 발생하는 과잉생산과 가격폭락의 악순환을 제어할 수 있는 유효한 수단임에는 틀림없다. 그러나 구상무역이 제 궤도를 찾기 위해서 넘어야 할 산은 너무나 높고 가파른 것도 사실이다.

'뜻이 있으면 길이 있다' 아무리 어렵더라도 가야 할 길이라면 갈 수밖에 없다.

그동안의 유통조정 실적과 주산지에 대한 현지조사를 통하여 구상무역 대상품목의 종류와 거래물량을 파악하는 일부터 착수하자. 그리고 품목별 생산자 조직화와 함께 조직체의 역량 강화에 나서자.

필리핀 현지의 열대과일 생산자단체와 접촉하여 구상무역의 추진방향에 관한 원칙적인 합의와 함께 추진전략도 협의하자. 이 과정에서 양국 정부 당국자 간의 대화와 협의도 필수적이다. 구상무역을 통해서 반입될 물량의 효과적인 분산을 위한 유통주체와의 협의과정도 빼놓을 수 없다. 구상무역 활성화를 위한 양국 정부의 지원시책도 효과적으로 확보되어야 한다.

구상무역은 한국과 필리핀 원예산업이 다같이 승리(Win-Win)할 수 있는 가장 유효한 수단이며, 한국 농업이 필리핀에 진출할 수 있는 또 다른 통로가 된다.

농지를 확보하여 농산물을 생산하는 것만이 농업해외진출의 전부가 아니다.

우리 농산물의 새로운 시장을 개척하고 우리 농업의 기술과 유통시스템을 효과적으로 진입시키는 것도 우리가 추구해야 할 농업해외진출의 또 다른 형태인 것이다.

◇ 참고문헌 ◇

대한무역투자진흥공사 마닐라무역관, 「2007 필리핀 투자 핵심가이드」, 대한무역투자진흥공사, 2007.

농림수산식품부, 농림수산식품 주요통계, 2009.

농촌진흥청, 2008 농축산물 소득자료집, 2009.8.

농협조사월보, 농협경제연구소, 2005

성진근, "한국농업의 외연확장을 위한 해외농업개발", 「한국농업의 글로벌화 전략」 심포지엄 논문집, 농촌진흥청, 2009.7.

성진근 외, 「신엘모 민다나오 농장계획 컨설팅 보고서」, 사단법인 한국농업경영포럼, 2009.4.

한국농어촌공사, "필리핀 농업투자환경 조사보고서", 「해외농업투자환경 조사보고서시리즈14-1」, 한국농어촌공사, 2004.12.

BAR(Philippines' Bureau of Agricultural Research), 「PRIMER ON JATROPHA」,Department of Agriculture, 2007.9.

Balisacan.A.M., 「poverty and inequality in the Philippines Economy: Development, Policies and challenges, New York, Oxford Univ. Press. 2003.」 Balisacan, 2003.

BAS(Philippines' Bureau of Agricultural Statistics), "Performance of Philippine Agriculture January-December 2008", 2009.

, "Situation Report on Selected Vegetables and Root Crops January-December 2008", Department of Agriculture, 2009.3.

, "Selected Statistics on Agriculture 2009", Department of Agriculture, 2008.

, "Agricultural Foreign Trade Development: Annual Report", Department of Agriculture, 2008.

, "Selected Statistics on Agriculture 2008", Department of

Agriculture, 2008.

    , 「Situation Report on Major Fruit Crops January-June」, Department of Agriculture, 2008.9.

BAS, 「Crops Statistics of the Philippines, 2002-2007」,2008.8.

    , 「Rice and Corn Situation and Outlook」, 2008. 8.

    , "Updated Production Costs and Returns for Selected Agricultural Commodities Part I: Palay and Corn 2000-2002,", Bureau of Agricultural Statistics, Department of Agriculture, Quezon City, 2003. 7.

FAO, 「Food Outlook」, 2009.6

FAOSTAT, FAO Statistics Division 2009/28 AUG. 2009

IRRI, "Data on World and Domestic Price", IRRI World Rice Statistics(WRS) 1963-2009. 2009.

    , "Official exchange rates(domestic currency/US$), selected countries 1961-2008", 2009.

National Accounts of the Philippines, 「Philippine Statistical Yearbook」 NSO, 2007.

NSCB, "Fact sheet ; Population", National Statistical and Coordination Board(NSCB), 2009.3.

    , "National Accounts Fourth Quarter 2008", National Statistical and Coordination Board(NSCB), 2009.3.

NSO, 「The Philippines in figure 2008」, 2009.

    , "Family Income and Expenditures Survey", 2009.

    , "National Accounts of the Philippines", 「Philippine Statistical Yearbook」 NSO, 2007.

South Asian Agriculture and Development Primer Series, 「Philippines」, 2007.

TTTA(Thai Tapioca Trade Association), Tapioca Statch Price of the
        Weekly in Tapioca Starch, F.O.B. Bangkok, Thailand.
Virgilio T.Villancio, Tubanggatong Series Vol.1, 2006.2.
V.Ravago Majah-Leah, Philippines(SEARCA:Southeast Asian Regional
        Center for Graduate Studyand Research in Agriculture, 2007)

◇ 참고 사이트 ◇

대한무역투자진흥공사(KOTRA), http://www.globalwindow.org
주필리핀대사관, http://embassy_philippines.mofat.go.kr
한국농어촌공사 해외농업투자센터, http://oai.ekr.or.kr/

Banko Sentral ng Pilipinas, http://www.bsp.gov.ph/statistics/
Bureau of Agricultural Research, Biofuel Information,
        http://www.bar.gov.ph/biofuelsinfo/
Bureau of Agricultural Statistics, http://www.bas.gov.ph/
CountrySTAT Philippines, http://countrystat.bas.gov.ph/
FAO CountySTAT, http://www.fao.org/statistics/countrystat/
IMF Primary Commodity Prices, http://www.imf.org/external/data.htm
Investor Relations Office, http://www.iro.ph/
IRRI World Rice Statistics, http://beta.irri.org/
PAGASA(the Philippine Atmospheric Geophysical Astronomical Services
        Administration), http://www.pagasa.dost.gov.ph/
Philippines National Statistics Office(NSO), http://www.census.gov.ph/

아시아 지중해의 진주, 필리핀

발행인 / 해외농업개발포럼
발행처 / 농민신문사
인 쇄 / 삼부문화(주)

초판1쇄 발행 / 2009. 11. 16
초판2쇄 발행 / 2009. 12. 15
초판3쇄 발행 / 2011. 1. 30

서울특별시 종로구 종로1가 36
등록번호 제 1-1218호
농민신문사 www.nongmin.com
전화 080-3703-111